2024年度日本建築学会設計競技優秀作品集

コモンズの再構築
── 建築、ランドスケープがもたらす自己変容

CONTENTS

刊行にあたって	●日本建築学会	2
あいさつ	●今井公太郎	3
総　評	●塚本　由晴	4
全国入選作品・講評		7
最優秀賞		8
優秀賞		12
佳　作		20
タジマ奨励賞		32
支部入選作品・講評		51
支部入選		52
応募要項		112
入選者・応募数一覧		115
事業概要・沿革		116
1952〜2023年／課題と入選者一覧		116

設計競技事業委員会

敬称略五十音順
委員・審査員・入選者の所属は審査時のものです

⟨2023⟩ 2023年6月〜2024年5月

委員長 今井 公太郎（事業理事、東京大学生産技術研究所教授）*
幹　事 高　佳音（東京理科大学准教授）　田井 幹夫（静岡理工科大学准教授）*
委　員 加用 現空（東京都市大学准教授）*　田村 雅紀（工学院大学教授）*　中村 正寿（大成建設）*
　　　　 畑江 未央（日本設計建築設計群）　堀越 優希（東京藝術大学助教）*
　　　　 森　太郎（北海道大学教授）　山田　哲（東京大学教授）
　注）無印委員　任期　2022年6月〜2024年5月末日／＊印委員　任期　2023年6月〜2025年5月末日

⟨2024⟩ 2024年6月〜2025年5月

委員長 今井 公太郎（事業理事、東京大学生産技術研究所教授）
幹　事 斎藤 信吾（東京理科大学嘱託助教）*　田井 幹夫（静岡理工科大学准教授）
委　員 井上 信次郎（日本設計）*　加用 現空（東京都市大学准教授）　楠　浩一（東京大学地震研究所教授）*
　　　　 田村 雅紀（工学院大学教授）　中村 正寿（大成建設）
　　　　 堀越 優希（東京藝術大学助教）　山本 佳嗣（東京工芸大学准教授）*
　注）無印委員　任期　2023年6月〜2025年5月末日／＊印委員　任期　2024年6月〜2026年5月末日

課題「コモンズの再構築 ──建築、ランドスケープがもたらす自己変容」
全国審査会

委員長 塚本 由晴（東京工業大学教授）
審査員 家成 俊勝（dot architects共同主宰）　五十嵐 淳（五十嵐淳建築設計事務所代表）　上原 雄史（富山大学教授）
　　　　 田中 智之（早稲田大学教授）　野田　満（近畿大学講師）　堀越 優希（東京藝術大学助教）

刊行にあたって

作品集の刊行にあたって

　日本建築学会は、その目的に「建築に関する学術・技術・芸術の進歩発達をはかる」と示されていて、建築界に幅広く会員をもち、会員数3万6千名を擁する学会です。これは「建築」が"Architecture"と訳され、学術・技術・芸術の三つの分野の力をかりて、時間を総合的に組み立てるものであることから、総合性を重視しなければならないためです。

　そこで本会は、この目的に照らして設計競技を実施しています。始まったのは1906（明治39）年の「日露戦役記念建築物意匠案懸賞募集」で、以後、数々の設計競技を開催してきました。とくに、1952（昭和27）年度からは、支部共通事業として毎年課題を決めて実施するようになりました。それが今日では若手会員の設計者としての登竜門として周知され、定着したわけです。

　ところで、本会にはかねてより建築界最高の建築作品賞として、日本建築学会賞（作品）が設けられており、さらに1995（平成7）年より、各年度の優れた建築に対して作品選奨が設けられました。本事業で、優れた成績を収めた諸氏は、さらにこれらの賞・奨を目指して、研鑽を重ねられることを期待しております。

　また、1995年より、本会では支部共通事業である設計競技の成果を広く一般社会に公開することにより、さらにその成果を社会に還元したいと考え、作品集を刊行することになりました。

　この作品集が、本会員のみならず建築家を目指す若い設計者、および学生諸君のための指針となる資料として、広く利用されることを期待しています。

日本建築学会

あいさつ

2024年度 支部共通事業　日本建築学会設計競技

コモンズの再構築——建築、ランドスケープがもたらす自己変容

事業理事
今井　公太郎

2024年度の設計競技の経過報告は以下の通りである。

第1回設計競技事業委員会（2023年8月開催）において、塚本由晴氏（東京工業大学教授）に審査委員長を依頼することとした。2024年度の課題は、塚本審査委員長より「コモンズの再構築－建築、ランドスケープがもたらす自己変容」の提案を受け、各支部から意見を集め、それらをもとに設計競技事業委員・全国審査員合同委員会（2023年12月開催）において課題を決定、審査委員7名による構成で全国審査会を設置した。2024年2月より募集を開始し、同年6月10日に締め切った。応募総数は341作品を数えた。

全国一次審査会（2024年7月23日開催）は、各支部審査を勝ち上がった支部入選81作品を対象として、審査員のみの非公開審査とし、全国入選候補12作品とタジマ奨励賞10作品を選考した。全国二次審査会（2024年8月28日開催）は、全国入選候補12作品を対象として、日本建築学会大会（関東）の明治大学にて公開審査で行われ、最優秀賞、優秀賞、佳作を決定した。2020年以降は新型コロナウイルス感染症の拡大防止によりオンラインにて実施していたが、昨年度より大会会場での公開審査を復活し、今回で20回目を数える。熱心なプレゼンテーションと質疑審議が行われた審査会は大会参加者による多数の参観を得ており、会員に開かれた事業として当設計競技に大きな関心が寄せられている証でもある。審査会における各応募者のプレゼンテーションはきわめて高い水準であった。

総　評

コモンズの再構築——建築、ランドスケープがもたらす自己変容

審査委員長
塚本　由晴

　「コモンズの再構築」というテーマは、地域資源の維持管理と活用、そのためのスキル、それを担う仲間（メンバーシップ）についてもう一度考えようという呼びかけである。建築学科の教育は、建設産業の人材を育てるように組み立てられているので、カリキュラム外のテーマに応募が集まるか不安だったが、結果的には農漁村、中山間地域、あるいは歴史的街並みが残っている小都市を舞台にした提案が多く寄せられた。いまだに人口が流入している東京のような大都市における提案はほとんど見られなかった。再開発や建て替え、テナントの入れ替わりなどが盛んで、消費型の経済で世の中が依然として回っている（ように見える）大都市では、時間も手間もかかるコモンズについて考える余地はないということなのか。だが、あと5年ぐらいすると、そう言っていられなくなるだろう。2030年に同じテーマを掲げたら、大都市の綻びを縫合するようなコモンズの提案が、もっと集まるのではないか。

　地方と都市の対比を強調するのは本意ではないが、東京にいると大量生産、大量消費、大量廃棄の20世紀型の社会がまだまだ続くように感じられる。それはそのやり方に依存してきた産業という機械を止められないからであり、国の政策も依然としてそのように社会を運営しているからでもある。一方地方に行くと、20世紀の遺跡がたくさんあって、20世紀型の社会はとうの昔に終わっていることが実感できるのだが、大都市からはそれが見えない。地方から都市は見えるが、都市からは地方が見えないという構図は、トランプ氏が大統領になったとき、東西沿岸部の都市住民には何が起こっているのか見当がつかなかったのと同じ構図である。それは産業の斜陽化を苛烈に経験したラストベルトの労働者たちのことが、沿岸部のエリートからは見えなくなっていたということである。アメリカではこれが民主党と共和党という2大政党への支持として顕在化し、「分断」と呼ばれて世界的な議論を巻き起こした。それに対して日本では、地方と都市の状況の違いがなぜか決定的な政策論争に発展しない。それは「生産と分配」を軸に組み立てられた20世紀型の社会システムを内面化した心性が、中央にも地方にも浸透し、保存されているからではないだろうか。そのシステムの中でしか民主主義が成立しないと考えてしまうのだが、文化人類学の研究成果は今、それとは異なる由来をもつ民主主義の可能性を指摘している。コモンズの再構築も同様の流れである。そこで「生産と分配」に対比される「贈与と交換」を軸に組み立てられた社会システムの可能性に学ぶなど、現行システムから一定の距離をとり、一石を投じることができるのは、即効性では測れない教育・研究を担うアカデミアである。特に20世紀の遺跡として見えてくるのは建築なので、建築学は余計に責任を感じる分野である。そのまとめ役である日本建築学会には、地域資源の維持管理と活用を軸にした社会を実現していく筋道と、その際に障壁

になる産業主導型の心性をほぐしていく方策を、世の中に示し、議論を盛り上げていく役割があると思っている。そのためにはまず私たちの、そして日本建築学会の自己変容が必要である。

　応募案には実際に里山や地方都市の市街地で行われている活動と、今後の構想をあわせて表現したものが多く、すでに各地の建築学科がコモンズの再構築に向けて動き出していることが実感できた。どの案からも、遺跡化していく建築、ランドスケープ、構築環境を見捨てられないという、歴史的、社会的な責任感が伝わってきて、とても勇気づけられた。デジタル工作機械の導入などの施設整備と運営については、利用率を高く維持できる大規模一極集中型の教育体制の方が有利で、日本のように各都道府県の大学や高専に小規模な建築系の学科があるのは不利だが、日本各地の地域資源は地勢的、気候的にも多様なので、その維持管理と活用について教育・研究から貢献するのなら、日本の小規模分散型の教育体制は有利に働く。世界の建築理論やデザイン実践が、地底資源の掘削を反省し、地上資源や生命との関係性に向けて大転回をしている今、日本の建築教育体制は、ある意味理想的である。その利点を強めていくようコモンズの再構築を各地で続けて、21 世紀の建築のあり方を日本から世界に向けて発信してほしい。

全国入選作品・講評

最優秀賞
優秀賞
佳作
タジマ奨励賞

支部入選した81作品のうち全国一次審査会・全国二次審査会を経て入選した12作品とタジマ奨励賞10作品です
（1作品は全国入選とタジマ奨励賞の同時受賞）

タジマ奨励賞：学部学生の個人またはグループを対象としてタジマ建築教育振興基金により授与される賞です

最優秀賞 タジマ奨励賞

わたしと風景
わたしという個人が風景を未来に繋ぐ小さな行為

橋本七海

岡山県立大学

CONCEPT

コモンズについては主に公と私との位置関係と3つの関係性を作り出した背景に関する議論が多くなされている。今回の提案では、時間と環境という観点を取り入れて、巨樹の木陰の豊かさと巨樹によって構成される風景とそれらを未来へつなぐことをコモンズとして捉えている。設計においては巨樹と風景を守り支えることを目標とし、「還り、巡る」を軸としている。有限性と持続性を併せ持つ提案となっている。

支部講評

今回の課題では、現代におけるコモンズという概念を再解釈し、リアルなレベルにおいてどう空間化するかが必要だったと思う。作者は単なるアイデアとしてではなく、現実社会の中で出会った人や自然環境の中から、ささやかではあるがリアルなコモンズの芽を見つけ、自分たちでできる範囲の技術や仕組みを懸命に模索し提案している。その姿勢には作者の課題に対する緊張感、建築やそれを使用する人への誠意が感じられる。

かつてルイス・カーンは学校の始まりを樹の下に人が集まったことから説いたが、現代に必要なコモンズとして、小さな集落の巨樹の下にその可能性を見出したことは肌で理解できる。また、美しいドローイングと最小限の言葉による物語は、見る者の想像力をさらに豊かにしてくれる。

（中薗哲也）

全 国 講 評

本提案は岡山県内の小規模集落にあるひとこまの風景を「私」の小さな「操作」によって未来へ繋ぐための計画である。緻密なドローイングはもとより、対症療法的にコモンズを新たにしつらえるのではなく「私」の存在以前からそこにあった「巨樹の木陰の情緒的／生態系的豊かさ」を事後的にコモンズとして規定する姿勢、それらが一定の生産行為とそれに併行する消費や搾取の結果として更新されていくとする見方－具体的には巨樹に寄り添う2つの小屋の施工（始まり）から解体（終わり）へ、そして新たな始まりまでを含めた周辺環境の物質循環と通時性とを伴う共用の在り方、ミニマムな系の構成員とそこにいる「私」の存在等、本提案の朴訥な土着性とある種の普遍性は他と比しても一線を画するものであり、全国一次審査、全国二次審査いずれの場面でも多くの議論が交わされた。

本設計競技の主旨に切実に対峙した提案であり、最優秀賞という結果に疑いの余地は無いものの、審査員各人の評価の焦点…例えば環境の粗放化という過疎集落の現実的な課題に際し、建築的提案としての小屋が役割を失いマテリアルに還っていくという近未来の展望については解釈が分かれるところではある。ただ前述の通りあくまでコモンズは共時的のみならず通時的なメンバーシップによって構築されるべきものでもあり、ゆえにこうしたビジョンを「私」の存在しない時空間に向けた「操作」への責任をもった構想としてみなすならば、今日のコモンズを思考するうえで重要な示唆を与えているようにも思われる。

（野田満）

最優秀賞

梅景
―梅システムの再編から考えるみなべの風景―

渡辺圭一郎　　大山亮＊
柴垣志保

大阪大学　＊東京工業大学

CONCEPT

日本一の梅生産量を誇る和歌山県日高郡みなべ町では、「梅システム」と呼ばれる生産生態系によって里山の風景がつくられてきたが、農業従事者の高齢化や薪炭林の整備不足、耕作放棄地の増加などから、その仕組みを維持することが難しくなっている。そこで本提案では、薪炭林と梅畑を共同管理する新たなメンバーシップとして「梅コモンズ」を計画し、その活動拠点の設計を通してみなべの里山の風景を再考することを目指す。

支部講評

「梅システム」と呼ばれる生産生態系によって里山の風景がつくられてきたみなべ町において、薪炭林と梅畑を共同管理する新たなメンバーシップとして新しい「梅コモンズ」を提案している。梅の栽培・加工から薪炭林整備までの連続的な営みとなるよう、薪炭林と梅畑の境界に場を整えることで、1年を通じて継続的に活動を生む仕組みをつくっている。斜面に対して適切なスケールで提案された建築は、高床や屋根形状により、みなべの風景を再考する契機となるであろう。地域課題を解決するために関わる人々の日常的な活動と、ふたつの建築に挟まれた中広場において繰り広げられるさまざまなイベントが、里山の新たな風景の一部となることを期待する。

（森雅章）

全国講評

ブランド梅「南高梅」を生んだ、和歌山県みなべ町で育まれた「梅システム」と呼ばれる生産生態系を舞台としたコモンズの再構築である。農業就業者減少と高齢化、耕作放棄地の増加という地域課題に対し、メンバーシップと建築タイポロジーの観点からアプローチ。前者については「うめコモンズ」としてその構成、活動を具体的に提示し、後者では大きな視点からの配置計画そしてマテリアルフローをも想定した棟構成、さらには長く使われてきたビニルハウスや薪小屋を「生産の様式として確立」しリ・デザイン。塩気の強い梅が実際に振る舞われた（食べてよいのか戸惑う審査員も居たが）プレゼンテーションも含めて極めて首尾よくまとまった、まさに"模範解答"のような提案であった。

審査ではこの場所へどのように軽トラでアクセスできるのかなど、実作のプロポーザルさながらの質疑も交わされたが、それはこの提案が極めて具体的であり、実現性を感じさせる高い提案性を反映した証だろう。

パネルではあまり触れられていなかったが、当日プレゼンの中で重要と位置付けられた二棟間の広場へのさらなる提案があればなおよかった。システムと建築、梅と薪炭が連携し、相乗効果をもって展開するための「余白」の在り方とそのデザイン。それに応じるかたちで建築の姿も自ずと変わるはずである。里山に内在する、生産と生態を活性化するコモンズとしての新しい「広場」の風景を見たい、という余韻が残った。

（田中智之）

優秀賞

営みを紡ぐ余地
宇都宮市泉町・本町における関わりしろのデザイン

遠藤康一　　山口颯太　　滝沢菜智
東田雄崇　　草野聡一朗　　鈴木亮汰

宇都宮大学

CONCEPT

栃木県宇都宮市泉町・本町は、かつて繁華街の中心として大きな賑わいを見せ、さまざまな営みが交わることで人の結びつきが構築されていた。しかし近年は地域の生業の偏向等により、昼と夜の営みが乖離し人々の関係性も希薄化している。本提案は、既存の営みを少し拡張した新たな活動を想定し、そこに関わる人々の新たなメンバーシップにより共同運営される、町内外の人々の活動の関わりしろとしての〈余地〉とその空間の仕組みを、顕在する不活性なすきま空間にデザインするものである。

支部講評

バブル期に大きな賑わいを見せていた繁華街中心地が時代とともに衰退し、人のつながりの希薄化、コミュニティが孤立化した状況を踏まえた地方都市の賑わいを再構築する提案。都市構造の特徴である隙間を活用し、既存の建物をつなぎながら新しい関係性を生むコモンズの再構築が提案されており、運営にまで踏み込んだ行動の変容が企画されている。コミュニティの想定が具体的で高い実現性を感じる提案である。また建築的な操作としても既存の建物改修や装置としてのフレーム設置、可動式屋台等を重層的に組み合わせることでストックを活用した効果的な街づくり提案としてまとめられており高く評価できる。

（山﨑敏幸）

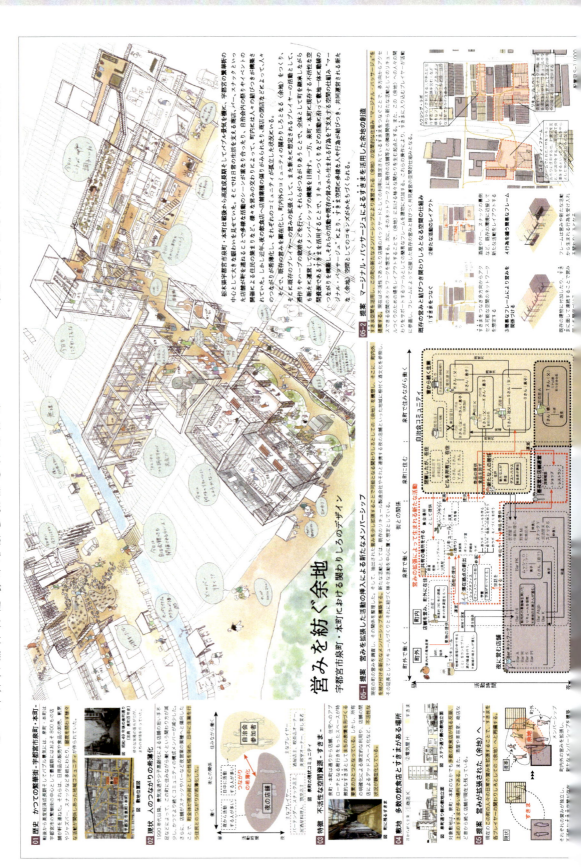

全国講評

小さな産業を持ち込み、子どもから高齢者までが育てる、醸造する、できたものを楽しむという生産のプロセスに参加できる点がよい。多くの人が賃金労働者である現在、コミュニティに寄与できる時間がとても限定的になってしまっていると思う。こういった自らつくりだす世界に少しでも移行できるよう、私たちの生活全体を考え直さねばいけない。本提案は、景気の後退や少子高齢化、あるいは昼と夜の業態の違いによって地域の中での交流の機会が減っているという現状に対して、リキュールの製造を地域の人々の間に据えて、製造に必要な薬草畑や醸造所における共同作業を通して交流を図る計画となっている。提案の畑は小さくはあるが、農業は子どもから高齢者まで、土づくりや水やり、収穫などいろいろな人の関わり代を生み出すことができる。建築の提案に関しては、農業と醸造という独自のアイデアを前面に出して、そのつくるプロセスが道からいろいろな人に見えるように配置計画をした方が良かったのではないかと考える。審査会では地域に関わる際の活動のフェーズをどうつくっていくかということが議論された。ミッケラーも今ではとても有名なビール会社だが、最初は車庫で醸造を始めたと聞いたことがある。イタリアではトイレのブースでビールをつくっているのを見たことがある。規模を小さくすれば、すぐに始めることができる。本提案を考えた学生の皆さんにはすぐに畑とリキュールづくりに取り掛かってほしいと思う。

（家成俊勝）

優秀賞

忠海オートポイエーシス
── 作り続けるコモンズ

原田雄次
東京藝術大学

CONCEPT

敷地は広島県竹原市忠海町。400年の歴史をもつ二窓神明祭は、高さ25mに及ぶ神輿を、地域の材料と技を使って自分たちで組み上げ、毎年祭の最後に燃やす。本計画ではこの作る文化をサポートする観光客や学生といったテンポラリーなメンバーを受け入れるために、両地区内に点在する空家・廃校・納屋を自らの手で改修していくものである。外から一時的な人でもメンバーとして受け入れることで、400年培われてきた作ることによって生まれるコモンズを新しい形で続けていくことを目指す。

支部講評

瀬戸内海に面した忠海町でこれまで行われてきたコモンズを活性化させる建築実践の報告であると同時に、少し先の将来への提案が示されている。フィールドワークによって明らかになった地域の特徴、産業、資源、年間行事などに呼応するように、地域や外部の人を巻き込みながら、小さな実践が積み上げられている。活動全体の最終的なゴールや建築作品の完成をビジョンとして示すのではなく、目の前の状況、手に入る資源や技術、地域の歴史や文化に時間をかけて真摯に向き合い、少しずつつくり続けることこそが、新しいコモンズの創造になることを示している。この活動が継続されることで、この地域特有の祭や手でつくる文化が継承されることを期待する。

（土井一秀）

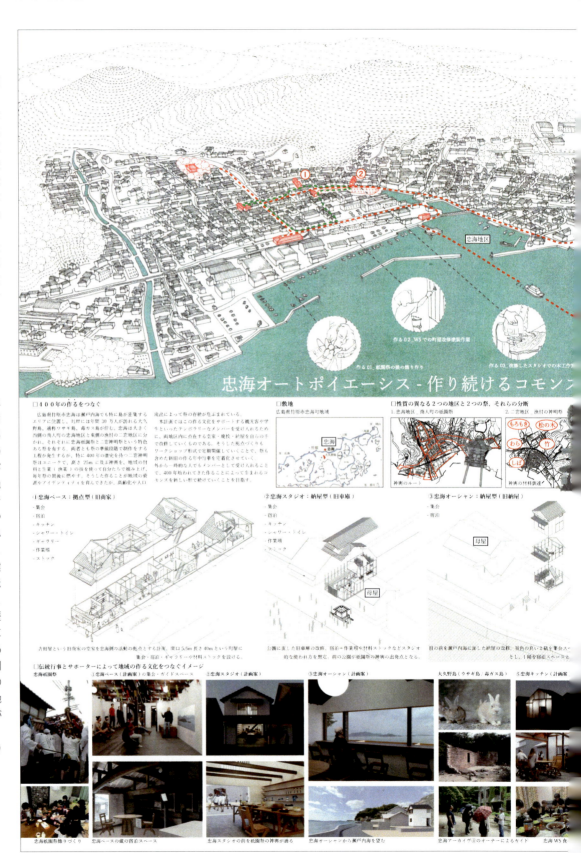

全国講評

今年度の設計競技が例年と大きく異なる点として、既に行っている具体的な取り組みも許容していることがある。その場合、実際の成果があるなどリアリティの点ではアドバンテージがある一方、それを踏まえての将来像や展開性をいかに示せるかが難しい。現実的な制約による実際の姿と理想像との関係を描く難しさがあるからである。

その点で本提案は全体をうまくまとめている。瀬戸内海でも特に島が密集する広島県竹原市忠海において、400年の歴史をもつ祭の存続を目的として、つくり続けるコモンズの全体像をまず提示。二地区がそれぞれ年に一度行う祭の日だけでなく、その準備やワークショップも含めた新旧年中行事の定着化という時間のデザインと、点在する空き家・廃校・納屋を改修し拠点化するという面的な環境整備の両立により、時間と空間ともに持続性をもったコモンズの実現を目指している。プレゼンの最後には計画案と実施案を等価に扱い、まるでルポルタージュのごとく淡々と並べて説明。そこには現実の姿とCG等によるイメージが交錯し、デザインコードや素材の使い方など細かいことはあまり気にならないのが不思議だ。それは祭という祝祭性と最後に掲げられたフィナーレの神輿を燃やす大炎にみる儚さが、全体をおおらかに包み込んでいるからだろう。できればこの特殊な構造をコモンズ再構築のデザイン手法として一般化するようなヒントや筋道を示してくれるとよかったのではないか。

（田中智之）

優秀賞

MCK BARU
− watering hole −

人見健太 　　　斉藤未紗
栗山陸 　　　　三須隆大

日本大学

CONCEPT

井戸を水源としたカンポン住居でマンディを楽しみたい。共通の生活習慣であるマンディを中心に、涼しい風を通して蒸し暑いインドネシアの環境を快適にする。広場と住居を一体化させ、生活が溢れ出すインドネシア特有の風景や賑わいがwatering holeに生まれる。1つの部屋で3つの用を済ませられるMCK：Mandi（水浴び）、Cuci（洗濯）、Kakus（トイレ）と井戸を一体化させる。

支部講評

「水」という最もありふれた、しかし、私たちの生活と生命に必須の資源を、魅力的な風景として可視化することに提案の強度がある。シンプルなアイデアだが、竹の構造とそれを取り巻くさまざまな工夫の総合がおもしろく、天候や環境要因を取り込むことで、生活者とともに生物や事物が関係するコモンズを発生させる可能性に満ちている。竹を構造体としてのみではなく、断面を利用して送水・配水を行っているところに新規性を感じる。接合部はエポキシ樹脂充填柱と木質ペグによるもので、機能的に設計されているが、誰もが「現場合わせ」で組み立てられるように、ルーズな接合部を併存させたり、ユニット化する工夫もありうるのではないだろうか。

(市川竜吾)

全国講評

この案は環境問題として語っていないことがとてもよい。「自然」や「環境」という言葉は人類が後付けしたものに過ぎない。「自然に還れ」とか「環境を守れ」でもなく現状と向き合い対話し「関係性」を模索している。環境問題として語ると、途端に解決不可能になり「他人ごと化」してしまう。その場所の環境や状態が「外部化」してしまうと「自分ごと化」するのが難しくなる。この案は内部的な世界と向き合い「自分ごと化」している。僕は北海道の田舎町で生まれ育った。子どもの頃、街のいろいろな場所で遊んだが、時々不思議な光景を見たことを想い出す。普通の家の居間の大きな窓の外に隠居した家主が手づくりで半透明な箱を取り付けていて、中には植物がたくさん置かれていたり、倉庫のような小屋の中にラジオや無線機のようなものがぎっしり詰め込まれていて、屋根からアンテナが飛び出していたりする光景。あれらはきっと家主が「自分ごと化」を日々の動作を通して表現していたのだ。手づくりで身近な材料（素材）で無理なく「自分ごと」としてささやかに歩んでいた。現実に先行して思想ができることはなく、現実や状況との関係性を見て、そこから学んだり気付いたり掴んだりして思想が生まれる。この案は内部的な世界と向き合い「自分ごと化」してきた人類のささやかな歩みに似ている。小さくささやかな、しかし膨大な歩みが思想を生み文化や慣習となり連関し現在につながっているのである。

（五十嵐淳）

17

優秀賞

黒川熾火物語

森聖雅　李蔚
田内丈登

大阪大学

CONCEPT

里山では人々の営みによって少しずつ風景が変化する。そこで、里山の営みの延長線上にある建築を考えた。長い時間をかけて生業のふるまいが徐々に建築を形作っていき、その風景変化の連なりを物語として共有することができる。敷地の兵庫県川西市黒川は日本一の里山と呼ばれる炭の名産地である。新たに黒川に拠点を置く家具工房が炭の生産・消費の二拠点を行き来する時間軸の中で里山の一部となっていく物語を描いた。

支部講評

日本一の里山と呼ばれる炭の名産地において、長い時間をかけて生業のふるまいが徐々に建築を形づくっていく、その風景変化の連なりを物語として共有することでコモンズの再構築を試みた作品である。敷地を丁寧に読み込み、研究活動を通じて出会った方を登場人物とし、炭の生産と消費の二拠点を行き来する時間軸の中で、建築とともに外部の人が里山の一部になるまでの姿を緻密に描いている。つくることで小さな変化を狙った建築は、里山の延長線上にあり、資源と営みの循環の仕組みを適切に取り込んでいる。物語の中に組み込まれた建築と人そのものを超えて、読み手に新たな物語を想起させる仕掛けが随所に散りばめられているのが秀逸である。

（森雅章）

全国講評

里山の移住者として家具工房を営む人物を通し、すでに地域の産業としては成立しなくなった炭焼きを軸に、地形の中に見出される事物の循環と資源化のプロセスを描き出す試みである。この提案は、人々の営みがもたらす、長い時間をかけて変化する風景を「コモンズの物語性」として定義し、高密度のドローイングにナレーション風の言葉を重ね、資源化のプロセスを具体的な物語の形式で語っている。今年の課題は通常のアイデアコンペと異なり、コモンズの再構築という「プロセス」をどのように定義し、表現するかも問われている。その点で、この提案は全国一次審査の段階でも高い評価を得ていた。物語に加え、ダイヤグラムや図を用いてさまざまなスケールで里山をとりまく環境を捉え、同様のドローイングを用いて事物の流れや人々の関わりが緻密に表現されている。細かい筆触の手描きドローイングは人の手の痕跡が表現される。こうした表現は、人工的な境界が存在しない自然環境を自らの手の中にある線として描き出し、自然を資源化することのできる主体の認識を反映した表現といえるだろう。時間経過のプロセスを反映した優れたプレゼンテーションであるが、物語は二棟の建築ができたところで締めくくられてしまう。建築物の緻密な提案は大変興味深いが、その先の四章や五章で想定される展開を示すことができれば、里山をとりまく大きなスケール感のまま、この物語を回収することができたのではないだろうか。

（堀越優希）

19

素材と暮らしの ネットワークコモンズ
−小さな漁村の事前復興まちづくり−

池野光美
大手前大学

CONCEPT

この提案は、九鬼町におけるかつてのコモンズを支えてきた素材（「木・水」）を、集落の今日的暮らしに呼応させたネットワーク空間を構築するものである。素材を通した連関の仕組みの中に、来るべき津波・地震被害に向けた「事前復興まちづくりの空間利用」を組み込んでいる。九鬼町の最も暮らしと空間的濃度の高い水系沿いに日常⇄非日常の利用空間を組み込むことを通して、九鬼町における自律的な圏域の中での暮らしを明確化した。この提案は、従来から存在し続けている地域の文脈に即したものである。これからの集落の等身大の暮らし方にコモンズを見出した。

支部講評

リアス式海岸の集落において、いつか発生しうる災害を想定し、復興後を計画する「事前復興まちづくり」を取り入れながら、かつて町を支えてきた共有資源である木と水を今日的暮らしに呼応させたネットワーク空間を計画することでコモンズを再構築しようとする提案である。
自律的な圏域においては奇を衒ったことを計画せず、むしろ誰でも参加できる普請をもとにした「地域的連関」と、地勢を活かした景観こそが重要である。地域住民と一体になって調査し、イベントに参加した経験があるからこそ説得力のある計画になっている。
木と水の循環を再起動することで、住民はいつしか日常と非日常を分断せずに「災間」を生きるものとして自己変容をもたらすのではないかと期待するものである。

（西口賢）

20

全国講評

リアス式海岸の地形により津波の大きな被害を受けたことがある漁村において、生活インフラとしての機能を失った2本の水系と、その上流に放置されている植林地に着目し、木と水の再資源化を図る提案である。半林半漁を生業として栄え、山と海をつなぐかつての自律的な暮らしの在り方を再構築するため、日常の提案だけでなく、災害の事前復興計画としての提案を示したことが他の案に比べ特徴的であった。

水道の敷設によって使われなくなったであろう、水路のボッチ（水溜め）を復活させ、あたらしい親水空間や、生活用水として利用するための場所を準備する。そういった空間をつくる材料を調達するため、使われなくなったヒノキの植林地の活用も提案している。

製材や貯木といった作業を組み込んだイベントを仕掛け、林業を部分的に復活させ、山と海の資源への再接続を試みている。水系まわりの人物や生活空間の細やかなリサーチと、日常と非日常の両面に対する提案の独自性が高く評価された一方で、木材の活用方法と提案される空間が、棚や床、ベンチ等の提案にとどまっている点が惜しまれた。

日常と非日常の空間は、そこまではっきりとわかれるものではないのかもしれないし、実際にこの提案の中でも同じような温度感の表現で取り扱われている。この土地における日常と非日常の空間の在り方について、提案者自身の実感を反映した、もう一歩踏み込んだ定義と提案を見てみたいと感じた。

（堀越優希）

アーケードコモンズ
ストラクチャ

佳作

神谷尚輝　西澤由翔　寺西知慧
都築萌　藤原李槻
古西翔　鈴木遥翔
名城大学

CONCEPT

コモンズを所有の観点から、個人の所有が集まった総体としての場を考える。これは所有を集められた人々全てが関係をもつ。個の表れが集合した新しいコモンズが場から再構築される。アーケードそのものを補強しながら個人の所有（領域）を延長させる。本提案では、構造補強のフレームに、窓の高さに応じたスラブが挿入されることで、所有を延長させる仕組みである。1住戸を単位としてこの構造はアーケード全体に反映され、アーケードが所有の総体に変わり、アーケードは個の表れが集まるコモンズとして場が残っていく。

支部講評

所有と資本による分断に対しての「コモンズ」という要項に真っ向から挑むように、商店街組合共有のアーケード内に個人が「所有する」床が提案されている。また縮退する地域を舞台に、新しい共有の装置が身体スケールで提案される案が多い中、ここで挿入されるのはいかにもゴツい鉄骨である。それでも実際、アーケードが維持管理の難しい負の遺産とすらされがちな中、先んじてある「共有空間」に新たな機能を、それも占有できる場として足すことでポジティブな資産に、とする反転攻勢は面白い。
何より単純に（法的困難はあれど）2階レベルやアーケード屋根上にスクウォットされるように床が張り出し、客や生活で賑わうイメージに魅力があった。

（山岸綾）

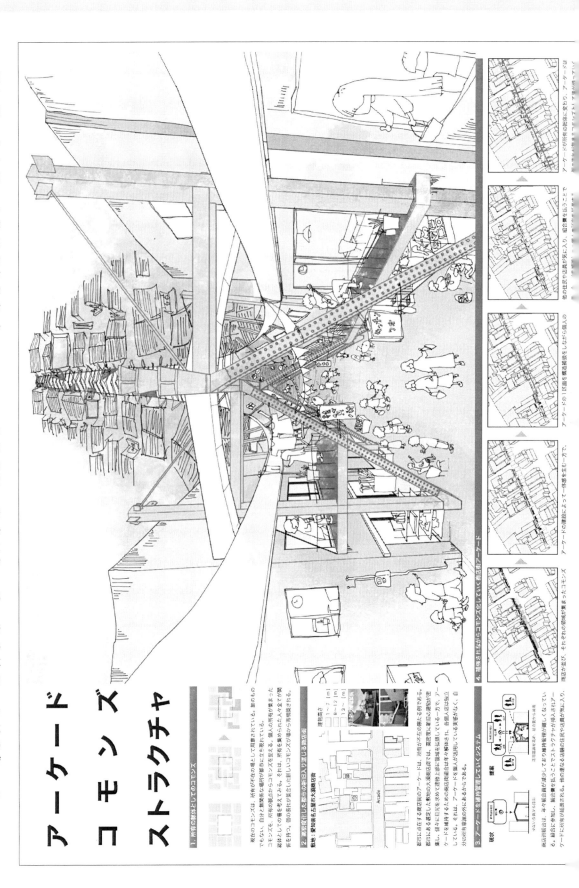

全国講評

この案はどことなく「自分ごと」になっていない。リサーチや聞き取りをし、想定を立てアイデアを構築していく一般的なプロセスを辿っているのだが、これまでの建築家などが語ってきたことをなぞっているような、つまらなさがある。若者ならではの未熟さはあるが新しい視点がない。全てが外部的な視線になり、安易な言葉のパレードとなっている。つまり現実を見ず教訓みたいなものも掴めずに「都合のよいワクチン」だけで案が生まれている。札幌に狸小路という唯一のアーケード街がある。一丁目から七丁目まで屋根がかかっているが、七丁目の屋根だけが築50年ほど前の姿のまま、いろいろな事情により残っている。レトロな雰囲気がよく「自分ごと」として営む飲食店が多い。一方で一丁目から六丁目は新しい屋根がかかり「外部的な世界」の飲食店や物販店が軒を連ねている。七丁目には文化や慣習が生まれ次の「自分ごと」が生まれ続けるが、一丁目から六丁目は延々と消費が続いていく。アーケードには普遍的な可能性がある。それは例えば高架下や軒先など「そこらへん一帯」を共有する感覚が生まれる。この感覚は原初的なもので多様な可能性がそもそも存在する場である。ゆえに「都合のよいワクチン」的な視線ではなく、もっと深く細やかに凝視し体験することで見えてくる「関係性」を「自分ごと」化しながら、若者だから考えられる可能性を見出してほしかった。

（五十嵐淳）

佳作

ぼくらの平地パッチワーク

竹中健悟　佐藤龍真
上村琢太
熊本大学

CONCEPT

敷地は熊本-長崎の間に浮かぶ湯島。急斜面に密に暮らすこの島では、平らな場所は誰かの場所であり、個々に斜面と向き合って暮らしてきた。島民の高齢化に伴い、占有された平地は未活用の部分であふれている。そこで平地を共有し、つぎはぎしながら島を再編するコモンズを提案する。島民の小さな譲り合いが集積し、ネットワーク的につながることで、水平・立体方向に生活が拡張され、みんなで斜面地と向き合って暮らすようになる。

支部講評

斜面地を切り拓いたひな檀上の造成地を逆手に取り、その急勾配に対し、平地を共有してパッチワーク上に繋ぎ合わせ、コモンズを挿入していくという提案が、場所性を活かしたものとして高く評価された。さらに、そのレベル差を活かした人と人の距離のコントロール、また島の廃材を効果的に活用した関わりしろをつくっていく提案の力強さも感じた。

（高取千佳）

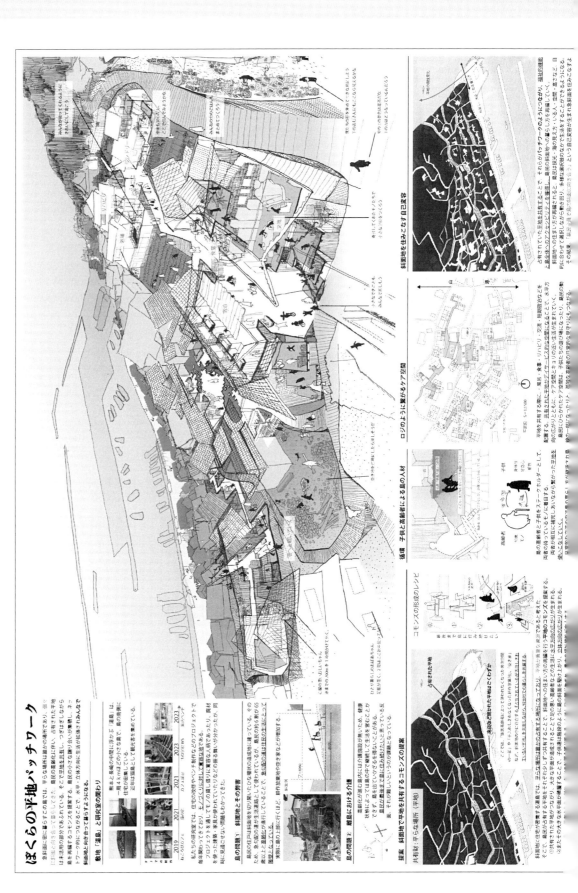

全国講評

急峻な斜面で広がる眺めに沿って、人が自発的に場所を見つけて生きていくまち。この案は斜面での「登り降り」の生活様式を「水平に」直して、建築の存在を根底的に再構築する。仮に島の平らな部分をコモンズと捉え、平な部分を建築で拡張できるならば、この家はコモンズに変わるはずだ。もし仮に、建築が「水平な生活世界」を創造できれば、自分の家は他人の生活を支え、自分の生活は他人の家の上に広がるという環境に変わるだろう。この案のコモンズはすなわち、生活を垂直から水平にラディカルに軽やかに置き換えられる「仮説」である。斜面の上の家の一階と下の家の二階をプラットフォームで繋げた「跨る家」。

谷を超えた二軒の家の2階と1階を繋いで「だんだんまち」を実現できるか。

しかし、このシェアはどこまで続くのか。電力は？ 水道代は？ ライフライン制度をコモンズ化するか、あるいは区分所有の家にするか。目的がこのまちでの生活の再編であるとしたならば、二棟の建築に広がる一層の「平屋」形式の確立にポイントを絞って、集合化類型の確立を試みるのがよいのではないだろうか。一戸の住宅の類型を確立して、これを並置することで魅力的な近隣として描くこと。二棟の間に掛け渡すプラットフォームは新しい「空とぶ平屋建築」をつくり出し「木造のカシュバ」的な建築風景をつくるのか。そのとき、この新しい建築デバイスが、「他者との距離をコントロールする」方法を見せることが、生活の基盤を整えることになるのではないかと思われた。

（上原雄史）

佳作

家具の道から
－共に受け継ぐ技術の街－

野口舞波　吉本佑理
濱田良平
大阪工業大学

CONCEPT

大阪最大級の家具の街で時を超えて技術を共有するコモンズを提案する。
かつてのオーダーメイドの関係を家具職人と近年堀江に進出してきているクラフト作家との間に見出す。
通り抜け土間が骨格になるような空間に家具が並び、技術を継承する場として地域の人々をつないでいく。
伝統技術と現代技術が融合し、新たに「技術の街」として人が街をつくり、街が人を育てる。
永久に続くこの循環の中で、堀江の文化が生まれる。

支部講評

敷地は大阪市西区堀江。現在はおしゃれな店が立ち並ぶ人気のスポット。かつて長屋が並ぶ家具屋さんの町であった歴史を大切にし、家具職人の技術を共有するコモンズをつくる提案。堀江公園から2ブロック先の街路まで、店の中に道を通し、パブリック性とビジネスの相乗効果を狙う。長屋的な内部空間を復活し、家具を中心に人の流れと溜りを創り出す、魅力的な提案。家具職人の技術伝承、クラフト作家と家具職人のコラボ、おしゃれなカフェやレストラン、体験学習など実現しそうなプログラムを、公園や道の特性にあわせて配置し、幅広い年齢層を呼び込み結び付ける。「人が街をつくり、街が人を育てる」好感のもてる提案である。

（大澤智）

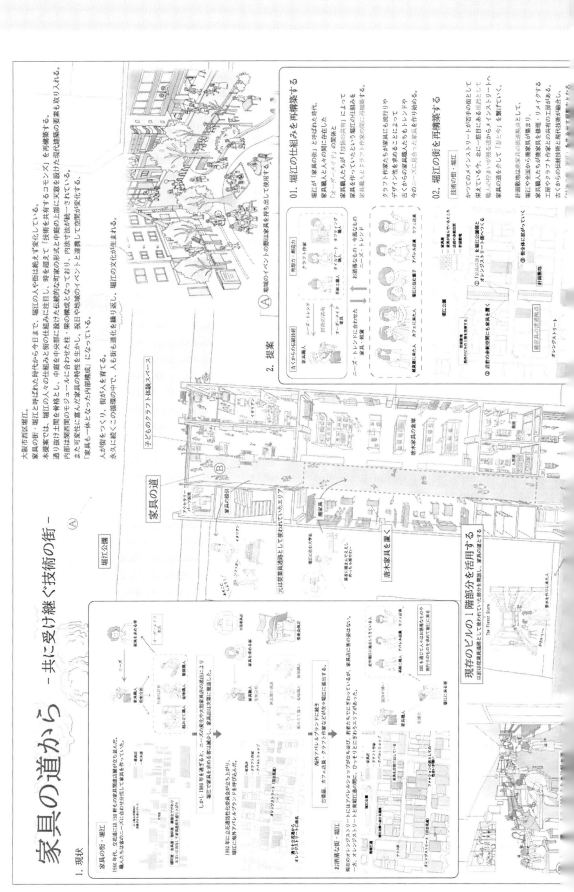

全|国|講|評

大阪では知られた家具の町、堀江での提案である。大阪ではアメリカ村（難波）、カナダ村（と呼んでいる人もいたらしい南船場）、堀江と、家賃の値上がりと連動して若者を惹きつける場所が移っていた。大阪のこれらの地域はお店や飲食店がひしめき合っていて、町を歩いているだけで、全ての建物が、ものを買えと訴えかけてきて疲れる。どうやってできているかも分からない商品がズラッとディスプレイやお店に並んでいるだけで、都市での生活を象徴する消費空間である。本案の、不必要になった家具を資源と捉えて、職人やクラフト作家、ワークショップ参加者などでリメイクして、もう一度使い直していくことで、町の真ん中にものづくりの場所を据えるという考え方は意欲的で評価できる。ものづくりの現場が土地代の安い都市の周縁や、賃金の安い海外などに展開し、それらを繋げる世界的な物流ネットワークによって可能になる世界とは別の、小さくて把握できる別のネットワークを志向している点がよい。気になるのは、加工に必要な機材や、廃棄家具置き場、リメイクする際に必要な資材を置いておく場所など、家具をつくり出すプロセスにあわせた空間の広さとレイアウトが必要ではないかという点、もう一つは、今のニーズにあわせてつくることで、今までの家具の再生産になりかねないため、何が価値なのかをきっちり伝える必要がある点である。

（家成俊勝）

呼吸する都市
－土の浸透性がもたらす新たな相互連環との出会い－

栁瀬由依　三原海音
藤本泰弥　北村太一
近畿大学

CONCEPT

連環性を拒絶した都市に新たな連環をつくることでコモンズの再構築を行う。並木通りの微地形に長い時をかけて土を組み込むことで、人々は連環を育む基盤となる地形を整え、都市生活のなかで土がもつ煩雑性にゆるやかに順応していく。生物や植物、他者との触れ合いを通じて、はじめて自己変容が促される。そして、相互の連環に関与した時、都市の息遣いが聞こえてくる。

支部講評

道や路地に対する提案は多いが、そこに建築的ボリュームではなく「土」を組み込むことがこの案のテーマである。
地形、生物や植物、気候、雨や日陰など画一的で定量的とは真逆な要素を街にもち込むことで生まれるさまざまな変化、人々の振る舞いが新たなコモンズの可能性を感じさせる。
年単位の長期にわたって徐々に土のエリアを広げていく提案は最終的に通りに面した雑居ビルの内部にまで伸びていく。あたかもコモンズを生み出すためのインフラにも思えてくる土の広がりが街に不思議な魅力を生み出す気がしている。

（原浩二）

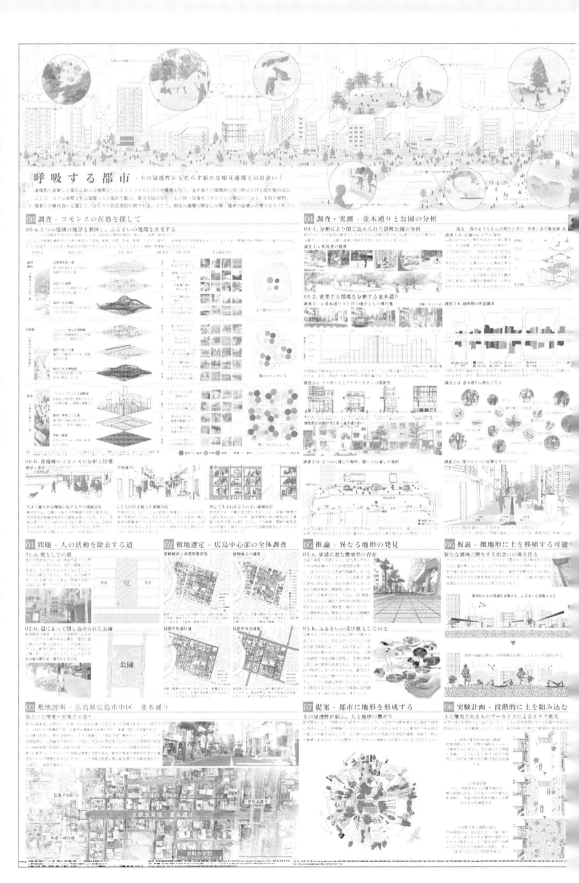

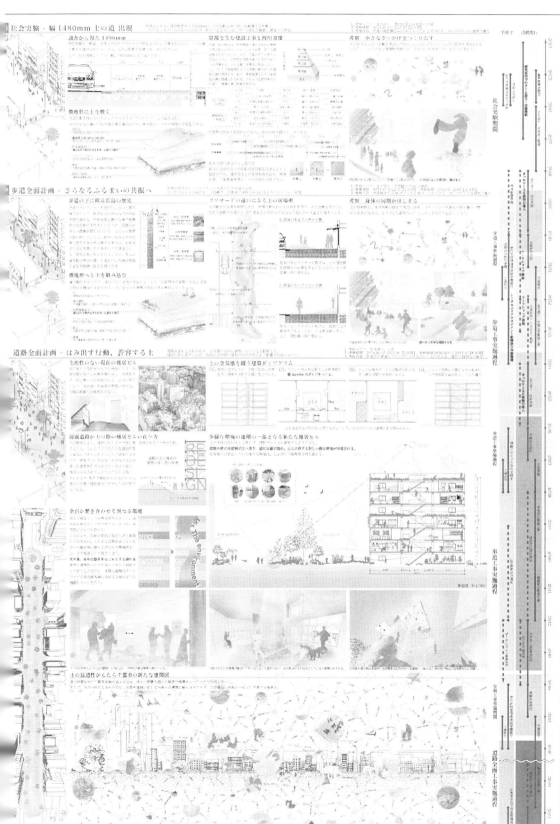

全国講評

本提案は都市の閉鎖性の象徴を「大通り＝見えない壁による分断装置」に見取り、そこに土を敷設することによるふるまいの受け皿の形成、およびアクティビティの誘発とコミュニティ形成を図るものである。膨大なスタディに基づいた提案内容はダイナミックかつきめ細やかであり、何より挑戦的である。

そうした強いインパクトを与える一方で、社会実験から本実施に至るまでに当然のように発生するさまざまなリスクへの考慮や、次なる都市更新に向けた長期的な視座については疑問符が残る。単なるユニークな公共空間というミスリーディングを引き起こさないためにも、土と微地形の復興によって対人間、対環境の連環を取り戻そうとする理念と、それがフリーライダーの溜まり場ではなくユーザーとギバーとが一体となった動的更新によって形成されていくというビジョンを明確に示す必要があったのではなかろうか。特に計画序盤で丁寧なプロセスを刻むことが本提案においては重要であったと思われる。

他方で本提案はコモンズの再構築というメインテーマはもとより、タクティカル・アーバニズム等の都市空間利活用の文脈と合流し得る構想といえるのかもしれない。そうした点も踏まえ、総評としては前向きで心強い運動論として評価したい。

（野田満）

浅香山エディブルケア

佳作

矢部花佳　　　高田勝　　　山﨑茜
古田萌華　　　宮上南祉惟

関西大学

CONCEPT

退院後の精神障がい者や医療従事者が多く暮らす浅香山地域で、食べられる植物を育て、地域に優しいつながりを生み出すエディブルケアを提案する。場所を選ばない、誰でも利用しやすいという特徴をもつポットと屋台をデザインし、まちに賑わいを創生する。

支部講評

地域のさまざまな場所で食用植物を栽培し、収穫・調理・販売・食事を通じ、地域の人々、特に孤立者を繋ぎ、新たな関係性を生み出そうとする、NPO法人を中心に既に実施されている取り組みを題材とした応募。食用植物を育成するポットや収穫・調理にさまざまな屋台を使うことで、コモンズが固定されることなく、いろいろな場所で生まれ広がっていくことがリアルに想像できたことが選定理由である。実施されている取り組みでもあり、提案書の構成、描画も詳細で分かりやすく興味深い。課題である建築、ランドスケープからやや外れることは否めないが、ツールを使い、コモンズとしての空間、機会を産み出す取り組み、仕掛けであることから今回の選定に至った。

（臼井明夫）

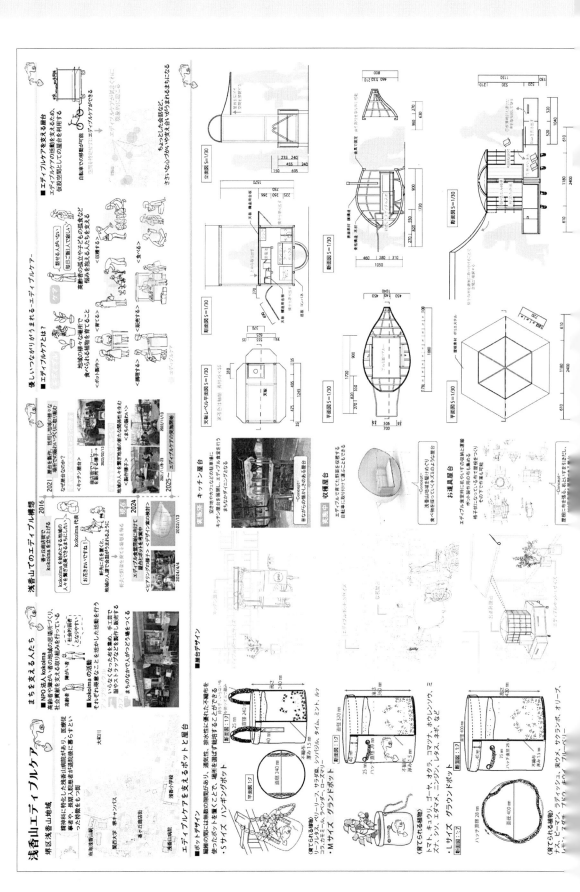

全国講評

人は食物を常にシェアしてきた。食物は不可欠だが、現代の都市生活者にとって食物は購入し消費する物である。孤独がなく癒しと慈しみのあるまちが、手軽な食物栽培で実現できるとする考え方は魅力的だし、実際にNPOで活動を行っていることは素晴らしい。摘んで採れる食品栽培がつくる人と食べる人のつながりをつくり、高齢者が街に出る機会をつくる。この考え方には共感できる。ケアが広がる近隣の地図を描く活動を続け町の様子を継続的に記録していくことでケア・プレイヤーを確立するのも冴えている。また、どこにでもありそうな駐車場が特別な場所になるようなシステムを構築する「企画」も評価できる。しかし、そこに至るのはまだ多少苦労があるのではないか。ケアカーをひきイベントで邂逅の機会を築く手法は興味深いが、具体的な活動数が限られる点と一回制がリミットではないか。ディセミネーションの鍵は消費側の自発的な演繹性ではないだろうか。

地中海都市の市民は、真っ赤な空き缶を歩道の手すりに自発的に吊り下げて花を育て自分の街を楽しむ。庭から溢れ出たブーゲンビリアやオレアンダーで花道を自発的につくったりなど、住む人の楽しみを巻き込んだ自発的な「景観づくり」がある。エディブルケアの次の一手は、市民が「自発的」即「普遍的」に、ケアだけではなく広い意味での自発的な生きる喜びの表現に植物栽培の溢れ出しを繋げることであり、その中にエディブルケアをコモンズとして位置付けることかもしれない。

（上原雄史）

眠らぬ備蓄倉庫
切妻屋根により人が集う倉庫の変身メソッド

磯村今日子　　黒田実花
田口心唯
名城大学

CONCEPT

災害時以外に活躍の場がない備蓄倉庫が全国各地にある。住民が備蓄倉庫を共同で持ち、資源を貯め、顔の見知った関係を作ることで災害時でも変わらず助け合える関係を作る。備蓄倉庫に切妻屋根をかけるだけで、人の溜まり場をつくり、開かれた場となる。
備蓄倉庫の種類、個数、また立地環境に応じて切妻屋根のかけ方を選ぶことで全国各地で眠っている備蓄倉庫を日常から災害時まで使える住民の居場所となることを願う。

支部講評

災害対策が常識的になってきた現在、備蓄倉庫は日常の風景となりつつある。しかし、それらは望まれぬ未来への保険の風景であり、それらを地域のために有益に利用できないかという視点は素晴らしい。備蓄倉庫はプレハブ倉庫の組み合わせでしかなく、もののための小屋で、人のためではない。プレハブ倉庫のもつその非人間的なインターフェイスは、ともすると非日常的過ぎるがゆえに、災害時に頼られることすら忘れられてしまうのかもしれない。人のためのものにするには？　という課題に対し屋根をかける単純な操作で、むしろコミュニティの核になるという提案には可能性がある。切妻にバリエーションを設けることで、個性と愛着を生み出したのもよい。

（田井幹夫）

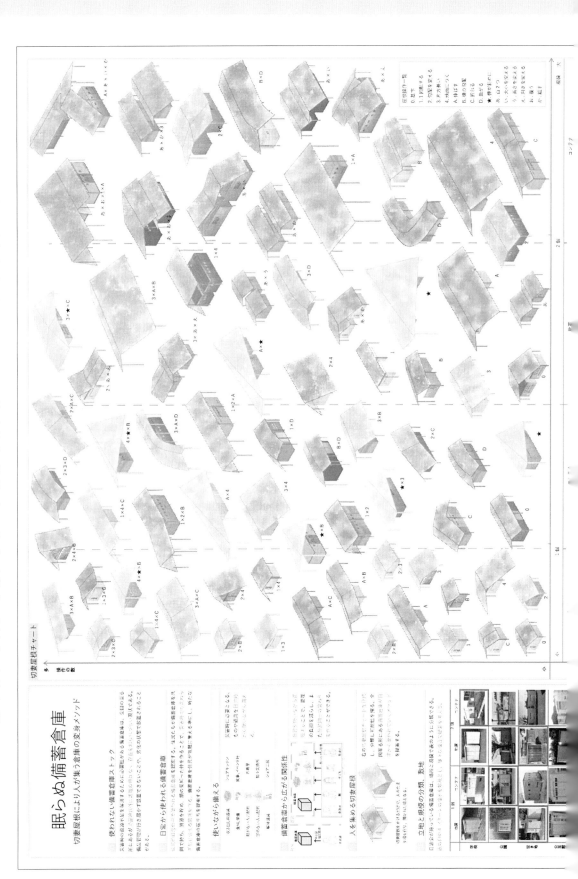

全　国　講　評

本提案は町中に点在する備蓄倉庫に着目し、日常的・多目的利活用を含めた維持管理の提案を行うものである。

地域コミュニティの衰退、および災間への認識を前提に現代社会を生きる我々にとって、災害時を想定した備蓄倉庫に今日のコモンズを見出そうとする視点、および非日常のみならず日常の舞台として活用することで相互扶助を担保しようとするコンセプトは時宜を得たものとして評価できる。「備蓄倉庫に切妻屋根を掛ける」というシンプルな建築的操作と象徴性の付加によってそれを実現しようとする態度は明快である一方、「メソッド」とする以上は屋根操作のバリエーションの論拠や必然性、およびそれによって生まれる空間の蓋然性に関する説明をより強く求めたかったところでもある。例えば各敷地スケール、あるいは備蓄倉庫がフォローする地区（小学校区や町丁目）スケールが有する諸条件とどのように呼応しているのかといったサイトスペシフィックな言及を突き詰めていくのか、あるいは備蓄倉庫自体は全国に存在し、同様の課題を抱えているがゆえに普遍的設計論として昇華させることが本提案の目指すところなのか、いずれか（あるいは両方）への強いベクトルをもった姿勢を追求したい。

本コンペはその性質上、ある意味では提案内容の中長期的実装を成し得たものこそが正しく美しい作品なのかもしれない。端的な造形行為によって現代的コモンズが生まれ、育ち得るのか、本提案にはその可能性を期待する。

（野田満）

タジマ奨励賞

翻るまち
～「開き」が生むふるまいの包容～

桂藤快晟　　　　大石一平汰
須山将之介
島根大学

CONCEPT

歴史的景観とのれんの彩りが印象深い勝山の町では、人々のふるまいが離れた場が町のウラとなり、川側の場を始点に空き家・蔵へとウラが広がり町や人のつながりを切り離している。勝山でのれんを介して起こる、あるふるまいをきっかけに人や場に関心が集まることを人や場が「開かれる」と解釈し、これをもってウラとなった川側の場に人々のふるまいを呼び寄せるとともに、ふるまいが人の繋がりを生むコモンズへと再構築する。

支部講評

歴史的建築群とその裏側の川沿いエリアの計画である。かつては商いや交通の用で賑わっていた川側も高瀬舟の廃止により町のウラの場へと変容してしまっている。
表通りと川側への動線を建物同士の間ではなく、建物内部に新たな小路を創り出すことで生活者と行き交う人との関係性をより濃密なものにしている。
歴史的景観～建物～新たなコモンズ～水辺へとつながるレイヤーも明快でリアリティも感じさせる。住民や移住者あるいは観光客の新たな関係性を構築し、一度は忘れ去られてしまった水辺空間を見事にオモテ空間へと生まれ変わらせている。

(原浩二)

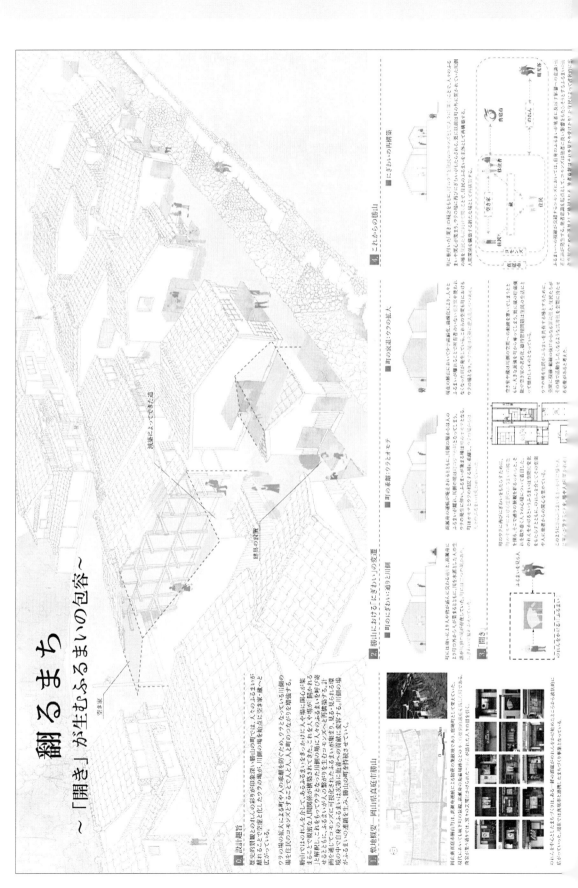

全国講評

かつて水運で物資の集散地として栄えた宿場町において、空き家や使われなくなってしまった蔵が増加し、衰退してしまった川側の空間を資源として開放する提案である。街道から川までの空間をコモンズとし、住民のあらたなふるまいの誘引を目指している。この町は早くから県の町並み保存地区として指定されており、まちづくりの一貫として街道側に「のれん」をかけることで商家の集うまちなみを演出している。こうした取り組みもあり街道側には地域住人が交流をする場が生まれているが、少子高齢化と過疎化の影響で、生活空間の舞台でもあった川側は閉ざされた場となりつつある。空間のつながりを閉ざす原因となっている空き家と蔵を一部減築し、あらたな建具を設置して可変的な空間にすることで、居住者のふるまいがまちなみに対して可視化されることを目指している。まちなみの新たな展開として、実践可能な提案である点がとても興味深い。しかし、コモンズとして定義された街道と川側の場のつながりは、あくまでその場所を専有しているのは居住者（移住者）が担保するものであり、その他の住人にとってどの程度開かれた場となるのかは疑問が残る。特定の個がコモンズのふるまいを伝播するという想定には同意できるが、設計競技であればこそ、視覚的なつながりや、空間的な仕掛けを用意するだけではなく、こうした取り組みが共有され、循環し、持続していくためのシステムについての言及も必要だったのではないだろうか。

（堀越優希）

タジマ奨励賞

岡村島の葬送

佐藤秀弥　　友定真由
土居秋穂
広島大学

CONCEPT

日本には7000近くの離島があり、離島では特に少子高齢化・過疎化・人口減少が深刻化している。島に空き家が増え、人が減っていく様は寂しく、島民や島を離れた人にとっての一種の「故郷喪失」である。島を存続・活性化させたりするための方策が練られているが、人口減少が進む今の日本社会において全ての島の終わりを避けることは難しいのではないだろうか。今回私たちは、少しでも良い島の終わり方ができるような提案を行う。

支部講評

身近にある数えきれない文化・風景・共同体の消滅が不可避の四国の現状に対し、コモンズの再構築によって、島を復興するのではなく、島の墓を構築し、島じまいを遂行するという本提案は、かかる労力や構築物の大きさに対して生産性がないこともあり、コモンズとして成り立つかどうかを含めて賛否両論を呼んだ。
しかし、学生や観光客を頼りにした安易な提案よりもむしろリアリティが感じられ、何より四国で活動していく私たちが向き合っていくべき課題として突き付けられた気がした。弔いの塔からあがる狼煙は、人々のさまざまな想いをのせて、しまなみの風景の中で美しくのぼっていくであろう。
（矢野寿洋）

全国講評

本提案はコモンズ=地域の記憶という認識に立ち、人口減少が深刻化する離島の「島じまい」に向けたプロセスデザインを提唱するものである。具体的には、愛媛県岡村島を対象に島内空き家および公民館の部分的解体による「記憶の表出と集積」を企図している。島そのものを墓地に見立てた計画対象の捉え方や、減築と自然浸食によって体現する「暮らしの跡」が住民の変容=島の終わりへの受容を促すとする点、対岸から島の記憶を確かめるための狼煙や「島参り(墓参り)」の慣習等、ある種のイニシエーションを伴った今日的かつ現実的なコモンズのいち試論として興味深く、少なからざる意義をもつと思われる。

他方で建築的提案としてみた場合、減築行為から自然浸食に至るまでの経年変化と「暮らしの跡」の発現とのタイムラグや、それらが生み出す風景の面的変遷等、時間軸方向の解像度が粗い印象は否めない。また本提案は全国の離島に向けた普遍解としての側面はあるものの、岡村島固有の風土やコンテクストのスタディに乏しい点も、本提案の迫力がいくぶん曖昧になっている一因であろう。

最後に、離島であれ山間集落であれ、いち地域を畳む/縮小するという不可逆的行為に対してよりセンシティヴに向き合い、その正しい在り方や方法論を議論することは建築分野全域におけるこれからのテーゼである。そうした問題提起としても本提案を評価したい。

(野田満)

タジマ奨励賞

水際を結わう
－「厨子蔵」の開放による分断された水との暮らしの再構築－

鷹見洸志　　濱田恭輔
鈴木光
愛知工業大学

CONCEPT

私たちの原初の暮らしに還るといつも水が在った。水が在ることで暮らしが成り立ち、人と繋がり、仕事を営む。そんな風景はこのまちのアイデンティティだった。しかし、産業社会の波に呑まれるとともに水路と暮らしが分断され、水との共生で生まれた原風景は虐げられた。そこでまちに取り残された水路と岸辺建築に目を当て、互いの領域を拡張、混在させることでその結節点で自由な行動を生む。水が暮らしと結び直されたとき、風景としてコモンズが現れる。

支部講評

琵琶湖の東側 東近江市伊庭町、かつて生活のために水路が張り巡らされていた町が敷地。産業構造の変化とともに、道路優先となり、水路が狭められ、暗渠化され、原風景が失われてきた。コモンズとして水辺を再生し、生活の一部に取り戻し、集落を再生する提案。水路の生態系の再生と水路に面した部分の建築や敷地の使い方の再構築で、魅力的な空間を創出している。美しいドローイングと訪れてみたくなるような魅力的な水辺の再構成プログラムが評価できる。水を手掛かりにコミュニティを形成する、好感のもてる作品であった。オリジナリティある水辺景観を創り出し、観光スポットとなるような、魅力的なコモンズの再生である。

（大澤智）

全 | 国 | 講 | 評

この案は、暗渠やRC護岸など近代化が進み、水質の悪化が確認できる滋賀県の伊庭町の水際をコモンズとして風景の再生を目指した案だ。近代の閉系の水辺にエコシステムを導入し、水際をコモンズとする案である。既存水路の一方を緩傾斜の有機的な水辺として修景し水際に攻め込むように軸組を剥き出しにした半外部建築をたてて活動領域を拡張する計画は、見事な筆致と満足できる透視図図法で描かれている。細かな書き込みは、この案が対応する事象の一つ一つに問題と解決策を明示することで全体像を築きあげている。この地に登場する人物像と建物の関連を図示することでこの案はより強固になる。

水辺のまちを建物で活気付けるという戦略は、同時に密に詰まった江戸の街を思い起こさせる。案は「増築」こそが水際を再生できる方法である、という目的意図を示す。攻められた水辺は、本来もっている遊びや広がりが失われているのではないだろうか。その場合逆にタイニーハウスにまで「減築」して、ランドスケープの一部として建築が振る舞うことができる自由な庭を組み込み、柔らかな岸と固い岸の植生に変化をもたらし、小舟で水路を行き来できるようにして水辺の修景をさらに強化できるのではないか。水辺をわたる橋を、橋下を船が通れるようにデザインし、このコミュニティの体験に別次元の体験をもちこむことができたのではないか？ 人口減に直面する時代で、減築を方法として水際の美しさをコモンズとして維持するコミュニティになれば、この村の存在は一層強固になったのではないだろうか、とも思われる。

（上原雄史）

タジマ奨励賞

茎の図工室

田口廣　細江杏里　竹川葵

愛知淑徳大学

CONCEPT

商品化される花は、花に近い部分で切り落とし、茎や葉は廃棄される。この「茎」にも新たな未来があるのではないだろうか。花の産地である愛知県田原市に、廃棄される茎や花を資源化し、住民自ら工作活動ができるまちの図工室を提案する。

ここでは、廃棄される茎から家庭用工作機を使い、圧縮して作る茎レンガや、薄く延ばして作る茎パネルなどの建材へ加工する。そこで作られた建材が家具や建築へと形を変え、町へ展開していく。

支部講評

あらゆる産業において人間に都合よく生産される物がある一方で廃棄され続ける物がある。自然環境にある共有資源をコモンズとして扱うのではなく、資本主義社会の中で生産される廃棄物を新しいコモンズと定義する提案である。

地域住民に開放された茎を建材として再利用していく図工室は、花卉産業者と町の人々を繋げ、人的連関を再構築していくだろう。

また廃棄物によって建材化された建築群が周辺に広がっていく新しい風景は産業的連関を創り出し、いずれ朽ちるであろう茎建材をつくり直して循環することで、さらに関係性が拡張していくことであろう。

人的連関と産業的連関があいまって立ち上がってくる地域特有の豊かな風景は「自己変容」をもたらすことを期待できると感じた。

（西口賢）

拠点
曲線状にカーブした3つの屋根に囲まれた図工室の作業場。中心に広場があ

屋根先に広がる制作の庭

茎の搬入口と茎倉庫

大人も子どもも集まって工作するまちの図

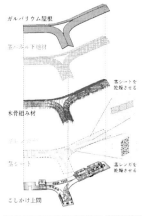

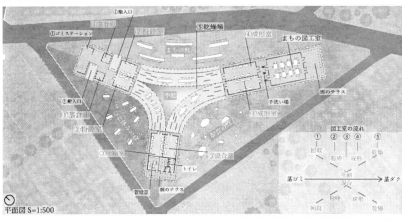
平面図 S=1:500

00. 捨てられる茎　きっかけ
商品化される花は、花に近い部分で切り落とし、茎や葉は「ゴミ」になっていく。これは花卉産業にとって大きな問題となっている。

01. 植物資源の大量廃棄　背景
花の年間廃棄本数〔市場での出荷本数×廃棄率〕は32.5億本×30%=9.7億本であり、その量は莫大である。大量の廃棄を出してしまう背景として、下記の6つが挙げられる。

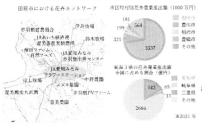

02. 花の王国　敷地
敷地は愛知県田原市赤羽根町。愛知県は、令和3年の花卉産出額が542億円で昭和45年から52年連続で全国1位であり、土産地である田原市は、花卉の産出額が332億円で市の産出額の約4割を占めている。赤羽根地域は市域中央部の表浜側に位置し、人口は市全体の1割程度を占めている。

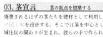

03. 茎宣言　茎の拠点を建築する
廃棄されるはずの茎たちを建材として利用し、図工室を設計する。そこでは茎を中心とした住民同士の関わりが生まれ、彼らの手で作られたものは、茎コモンズとして町へ展開していく。

全国講評

産業が生み出すゴミとされるものはいたるところにあるが、その中でも花や茎の廃棄に着目して、それを資源と捉えて、次に生み出すプロダクトの原料として使っていく提案である。現在の産業社会は、1つの目的のためにものをつくり出す機会が多く、その目的にかなわないものを一足飛びに産業的なリサイクルのための原料にしたり、廃棄物として扱ってしまっている現状がある。そういう意味では、ゴミとして焼却される手前で、ゴミとされるものに価値を与えるよい提案であると思う。しかし、下流である廃棄植物の再利用については考えられていても、上流の花の生産プロセスそのものを改善する提案を織り交ぜなければ、捉えている課題の解決にはつながらないのではと思う。また、茎を再利用するための建築の提案がたいそう大きく見え、茎を再利用することが目的なのか、この建築の形をつくることが目的なのかわからなくなる。どのようにこの規模まで拡大させていくのかそのプロセスを示す必要もあったと思われる。さらに欲を言うと、廃棄される茎を用いたプロダクトが大切な提案であると思うので、茎レンガや茎シートの実作を推し進め、実際に建材として使用できるところまで踏み込み、小さな小屋のようなものに実装できていればとても説得力のあるものになったと思われる。

（家成俊勝）

---

a.既存のビーチの東屋に茎タイルの壁を立てたシャワー室

b.赤羽根中学校に茎パネルの屋根をかけた駐輪場

茎テント 茎レンガで作ったコンロ

c.茎のカーテンをかけたバス停

d.ハウスをつなぐ菜の花畑の見える茎ハウス 茎レンガで壊れた道路の補修 茎タイルの学校のクラス看板

図工 ◁ 乾燥 ◁ 圧縮 ◁ 粉砕 ◁ 搬入

断面図 S=1:300　まちのテラス　図工室　手洗い場　成形室　乾燥場　粉砕室　搬入口

茎レンガと茎ポット　生まれ変わる茎と花

05. 建材へ変換　まちへ還元

06. 試作

07. 朽ちる建築　図工室からまち全体へ

タジマ奨励賞

軌上に流離い

幡野優花　　石塚幸輝
渡邉健

日本大学

CONCEPT

車両基地という余白時間・余白空間の資源を活用し、人々が日本各地の車両基地を転々とする新たな暮らしを提案する。電車とひとが共存し、電車の移り変わりにより変化する空間に応じて車両基地に暮らす。移ろいゆく人々によって廃レールで作られた建築空間が各地の色に染まっていく。そこでの一時的かつ継続的な出会いが鉄の道を介してコミュニティのネットワークを日本全国へと広げ、日本全体を新たな一つのコモンズとして作り上げる。

支部講評

本来は、閉鎖的な空間である車両基地を「自由で可変的な資源」として開放することを提案。日本各地に張り巡らされた鉄道網と車両基地の活用は、日本をひとつに繋げ、新たなコミュニティの形成の可能性が感じられ、面白さがある。全国に点在する車両基地について網羅的に地域の特性を踏まえ活用方法が検討されており、具体的なケーススタディとして、「核家族」、「高齢者」、「震災孤児」に対応した車両基地の活用に検討されている。併せて、体験型のメニューなどソフト面が提案されている点も、コモンズの再構築に資するものとして評価できる。

（佐藤一郎）

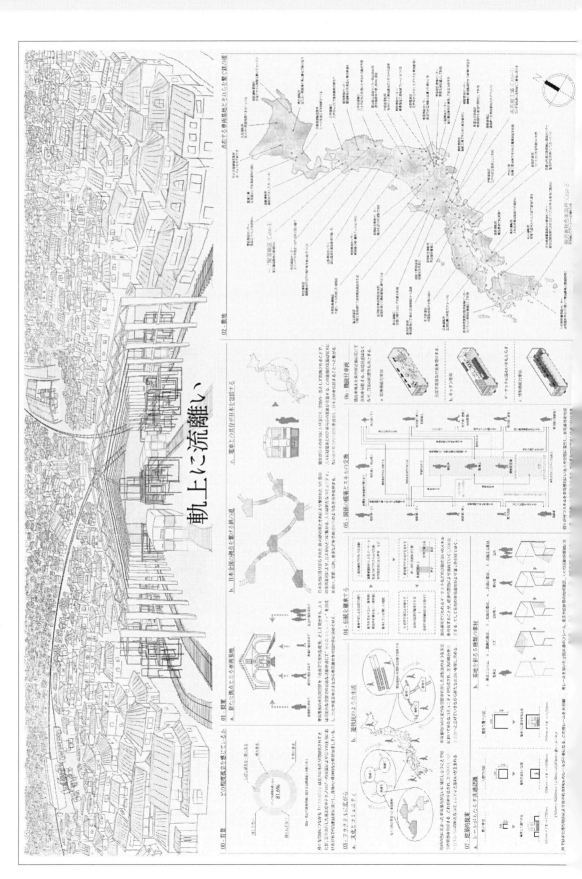

全国講評

日本全国には夥しい数の車両基地が現存し、それらをつなぐ鉄の道によるネットワークが形成されている。その基地の未利用空間を「自由で可変的な資源」と捉え、また毎年約800kmのレールが不要になることにも着目し、廃レールを活用した数々のリノベーションを提案。それを支えるのは多様な人々のスキルであり、つくり手と使い手それぞれがスキルを交換し、電車ネットワークを介して社会的孤立の問題が包括的に解決されていくという目論みである。

果たしてそんなにうまく行くだろうかと思いながらも、可能性を感じたのは廃レールの活用とスキルの関係である。提案では廃レールを3種の尺度の基本フレームとして共通化し、その矩形のフレームを組み合わせたユニットにより基地の未利用空間にアジャスト。フレームには5種の素材が施され、これに多種多様なスキルとルーツが反映し、結果的に地域性を纏おうとしているが、いくつかのケーススタディの提示で終わっているのが残念。

まず膨大な廃レールという資源を最大限活かす方法を考えるべきだろう。国土に網目状のごとく張り巡らされた鉄の道によりこの資源は自由に流通可能。この国には鉄をさまざまな技術や資源により活用できる諸地域がある。溶解し変形するのが得意な製鉄所の街や、精密加工に長けた工芸の街などが鉄の道でつながり、そのスキルを施された部位が全国津々浦々で再構成されることで、鉄の道全体がコモンズ化できるのかもしれない。

（田中智之）

タジマ奨励賞

廃棄野菜で繋がる湯仲間
～共同浴場が地域の野菜乾燥コミュニティへ～

藤林未来　　　　　渡部峻
髙橋樹
日本大学

CONCEPT

浅間温泉は湯仲間が共同浴場を管理しており、近年高齢化などにより廃業等が見られる。この閉ざされた共同浴場と食品ロスを組み合わせ、温泉熱による廃棄野菜の乾燥を中心としたアクティビティを行う。この取り組みは湯仲間と農家の関係を構築し、市民や商売店も介入していく。さらに余剰分の商品が備蓄となり松本市や被災地との関係を結び、多層的にコモンズを再構築する。この提案は、浅間温泉に限らず今後衰退するであろう共同浴場のモデルプランとなるだろう。

支部講評

共同浴場と廃棄野菜に着目し、食品ロスに貢献する活動の場を提案している。湯仲間、湯組と呼ばれる共同で浴場を管理する住民組織は、入会や利用の条件が各地で少しずつ異なるが、一様に高齢化、担い手不足の問題を抱えている。ゆえに廃棄野菜という新たな要素がこの閉じたコミュニティに導入されるアイデアに期待がもてた。ただ、浴場をそのまま野菜の洗い場や調理場にコンバージョンする改変はよいとして、それ以外の浴場含め、温泉地というコモンズ全体がどうなるのか、構想してくれるともっとよかったと思う。温泉という古来よりある第一級の地域資源とひとやものは新たな循環をつくれるのか、継続して考えてほしいテーマである。

（寺内美紀子）

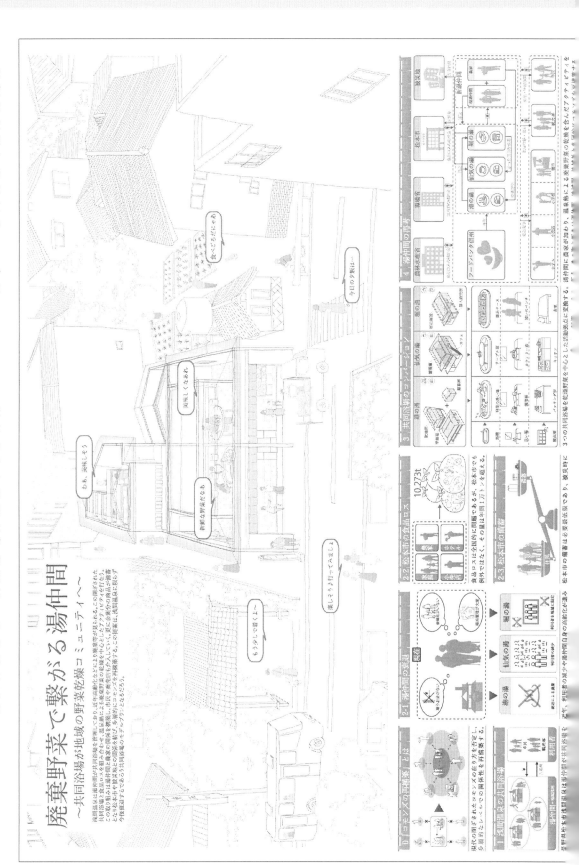

全国講評

共同浴場の廃業と食品ロス、今では使われなくなったビルディングタイプと、使われなかった野菜を資源と捉えて掛け合わせた提案である。現在、私たちはこれまでの用途を越えていく使い方の想像力や、一見距離がありそうな複数のものに関係をもたせる繋げる力が求められていると思うので、そういった点で興味深い提案である。私自身もかつて友人に紹介していただいた温泉で、採れたての野菜をそのまま源泉の中で蒸して、皆で食べた時はたいそう楽しかったことを思い出した。気になる点をいくつか書きたい。まずは、廃業した銭湯をカフェなどに転用した事例は多くあるので、ここでは温泉という豊かな資源を活用し、皆で温泉に入るという可能性を捨てずに再度現在にはどのような湯仲間のようなコミュニティが可能かを考えてほしかった。さらに資金面であるが、国や市からの助成金で稼動させようとしているが、まずは自前でどこまでいけるかを検討して、それも提案書の中に記載されているとよかったと思う。熱という資源こそがコモンズで、これを共同で管理しながら私たちの生活に役立てていくことを考えると熱源利用のさらなるバリエーションも考えることができたのではないかと思う。

（家成俊勝）

あしばぐらし

本田竜河　吉田天音
堀江琉太
日本大学

CONCEPT

現在の団地はほとんど使用されていない棟の間の空間が、人の動きが活発な表の生活と人の動きが穏やかな裏の生活を分断させ住民同士の交流を妨げている。そこに、資材置き場に余っている楔式の足場材を用いて住民たちが棟の間に自由に空間を創造することで、裏の生活や表の生活が溢れ出し交流が生まれ、住民の新しい居場所になると考えた。

支部講評

団地の分断や時代とともに変容する住人の生活に対して、可変性が高く入手が容易な足場という建築資材を活用することで、新しい団地の在り方とその中でのコミュニティ形成に向けたアイデアが提案されている。住み替えや特に減築にも対応できる仕組みとすることで、必要な機能が変化していく未来に対しても柔軟に対応できるような仕組みが提案されており、非常に汎用性が高いものとなるのではないかという期待感がもてる提案である。ただ隣棟間隔をとるためだけに画一的につくられた中庭をヒューマンスケールな居場所にしていくことで、新しい団地の在り方、コミュニティ形成が期待できる提案であると高く評価できる。

（山﨑敏幸）

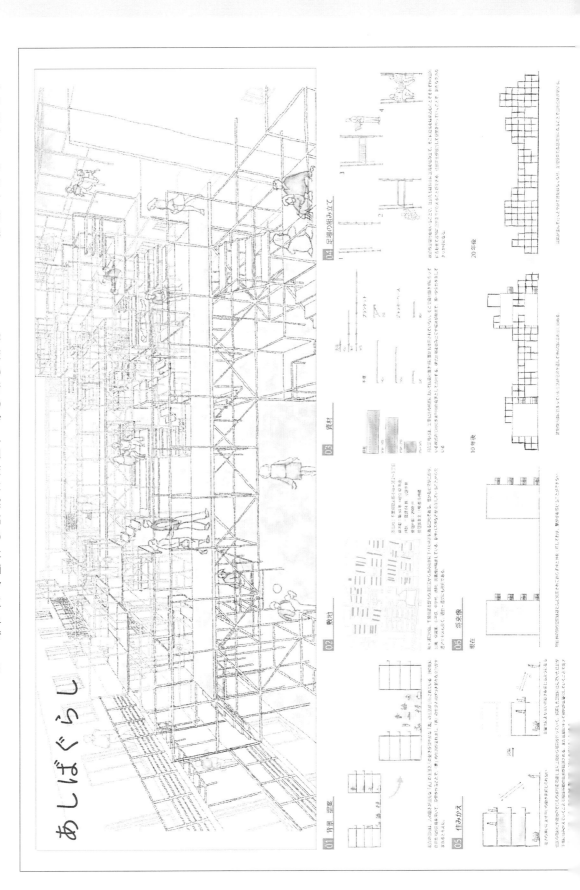

全国講評

昔、建築家仲間と話をしていた時のことを思い出したが、学生は遠い存在の建築家より先輩学生のことを崇拝し尊敬し見習う人が多いそうだ。それは身近なすごい人という位置付けで、自身の技量や技術や知識とバランスよくスゴイ人が先輩なのだ。これはある意味で「自分ごと」として捉えやすいともいえるし、手っ取り早いともいえる。この提案はまずは手っ取り早い存在の足場を使おうというところまでは「自分ごと」化しやすいのでよいのではと思ったのだが、「10年後の人類の暮らし方の想定」が完全に「他人ごと」になっている。建築を思想していく立場の我々が最も「自分ごと」化し、目指すべきはこの「10年後の暮らし方」をどのような思想で、ある意味「素晴らしく変化させられるか」なのであるが、この提案は最も重要な部分を「他人ごと」として見ていることが危ういしとても残念である。一見、足場を使い多様な場やキッカケをつくっているように見えるが、全ての操作が「いつかどこかで見た何か」になっていて、それらは既に現代に溢れかえっていて、中にはもう古いものもある操作なのに、10年後を語るにはいささか辛いものがある。今後は地球や自然や環境や人類の歴史連関などを含め注意深く見つめ多様で複雑な「関係性」を少しでも「自分ごと」化していけるように鍛錬を続けてほしい。

（五十嵐淳）

流域利水
―上流圏集落における市民共同水力発電を核としたまちづくり―

山田大介　菱田翔太
堤愛莉　　湯澤慎
愛知工業大学

CONCEPT

再生可能エネルギーへの転換が求められる現代、自然環境が豊かな上流圏には新たなポテンシャルが生まれている。敷地である岐阜県坂本集落は古くから水とともに暮らす文化や生業を受け継いでおり、水と共生する空間そのものがコモンズであった。本提案では、過疎高齢化により衰退を辿る坂本集落を対象に地域の共有財産である水資源を活かした市民共同水力発電を核として、売電収益の一部をまちづくり事業へ還元する。コモンズである水との共生空間に対する住民の自己変容をもたらし、上流圏で暮らす意義を再構築する。

支部講評

岐阜県揖斐郡揖斐川町の坂本集落をモデルとして、地域資源を活用したコモンズの再構築を検討。この集落は、コモンズであった水との共生空間が、都市部への人口流出、生業の担い手不足が原因となり、衰退の一途を辿っている。

そうした課題に対して、本提案では、豊富な水資源を活かした市民共同水力発電を核に、売電収益の一部をまちづくり事業へ還元することを通して、集落再生の手法を一連のパッケージとしてうまくまとめられている。具体的には、「小水力発電の見える化による生業小屋」、「空き家活用による集落の生業支援」、「水を用いた第六次産業拠点の整備」、「水力発電による水産業書店の整備」などが提案されており、どれも工夫がみられる。

（佐藤一郎）

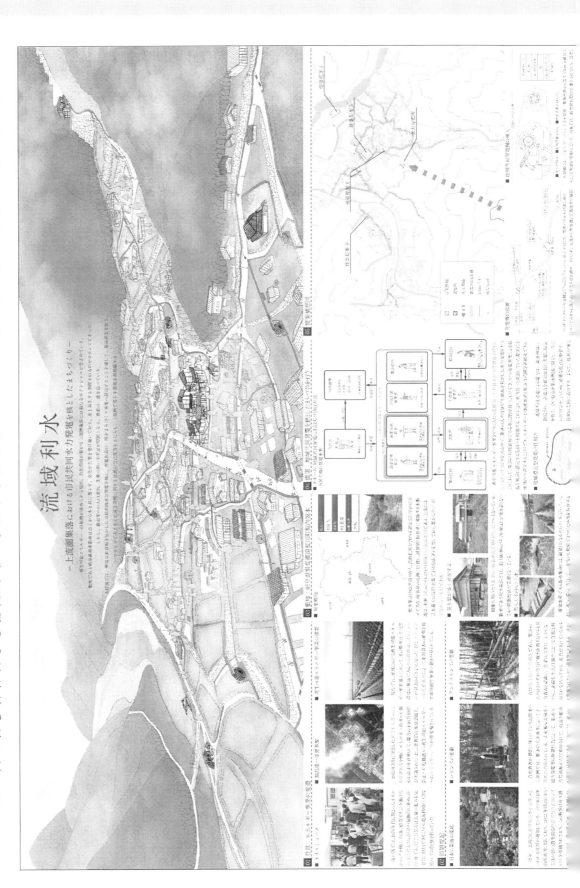

全国講評

今回水資源を扱った提案は数多く見られたが、その中でも本提案は「市民共同水力発電を核に、売電収益の一部をまちづくり事業へ還元することを通して、集落再生を図る」としているように、水をコミュニティやアメニティといった抽象的な媒介物として扱うのではなく、エネルギーや経済の資源として捉えている点がユニークである。

地域の高低差を活用し、集落全体を発電所と見立てて生業小屋としての精米小屋、空き家活用による水際空間の再編、第六次産業拠点としての集落の生業拠点、そして水産業拠点といったテーマ設定を行い、それぞれの建築的提案を丁寧に行っている。最後には多様な登場人物がそれぞれの拠点をどのように使うのか、どのように過ごすのかを数々のパースとともに示すことで水との共生空間の姿を理解することができ、全体としてのまとまりを評価することができる。

その一方、冒頭で述べられている「コモンズである水との共生空間に対する住民の自己変容をもたらし、上流圏で暮らす意義を再構築する」についてあまり触れられていないのが惜しまれる。このスキームや仕組みによりどのような自己変容が生まれるのか。例えば水をより大切にする、電気への依存度を減らす、電気の使い方を拡げるなどさまざまだろう。そしてその自己変容と建築・ランドスケープはどのような関係をもつべきか。どうすればよい関係をつくれるのか。この重要な問題に対する考えやデザインを見せてほしかった。

（田中智之）

支部入選作品・講評

ものが継ぐ 町の設え
―バス停空間に潜在する共同性の再構築―

谷敷広太
木下はるひ
室蘭工業大学

支部入選

CONCEPT

バス待合所の内部には住民が私物を持ち寄って設えた地域固有の空間が残され、この自然発生的な設計活動によって、「もの」を介した住民同士の交流が行われている。そこで待合所を『町の共同設計の場』として読み替えて、住民たちの形跡が外部まで滲み出していくように、町に置かれている「もの」の状態を引用・反映した構築物を既存に付加し、設えの余地を新たにつくる。設えられた「もの」たちは時間をかけて住民たちの気配をまとい、地域性という町の設えを未来へと継いでいく。

支部講評

過疎化が進む地方都市において、人と人をつなぐ最重要インフラのひとつであるバスの待合所に注目した提案。
地域住民がかつて所有していた"もの"を設えた既存路線の複数のバス待合所を、更新され続ける「町の共同設計の場」と捉え、その場の「雰囲気」を待合所の外まで引き出すことで、過疎地域に潜在する共同性を再構築しようとしている。各待合所周辺のリサーチ結果を反映させた設計者による建築的操作が、さらなる住民の設えを促し、その設えの手法がバスを介し周辺地域に連鎖して、新たな共同体が各所に生まれるというストーリーに、コモンズへの希望を感じた。

（赤坂真一郎）

支部入選

塀を共有するマチ

藤村柊斗

室蘭工業大学

CONCEPT

新興住宅地の建設が進み、均質的な風景が作り出されている一方で、古い宅地での塀の多様な使われ方に着目した。本来は、専有領域の顕在化、プライバシーの保護といった「守る」という防御的な側面が強いがこの提案では、各々がもつ塀を共有資源として扱い、みんなのものとなった塀のあるマチの未来を想像する。

支部講評

自らの土地を少しだけ町へ提供することによって、住宅地の塀をわずかに変形させ、住民たちのコミュニケーションを活性化しようとする案である。ほんのわずかな変化ではあるが、住宅街の表情に活気が生まれることを想像することができる。所有権の示し方を問う着想は素晴らしいが、一方で所有のラインは明確なままで、その線を新たな塀で引き直しただけであると捉えることもできる。多大な労力をかけて塀をつくり直す方法にも疑問が残る。所有のラインを引き直すのではなく、住人たちの力だけで、その線をぼかしていく方法が他にあったのではないだろうか。

（久野浩志）

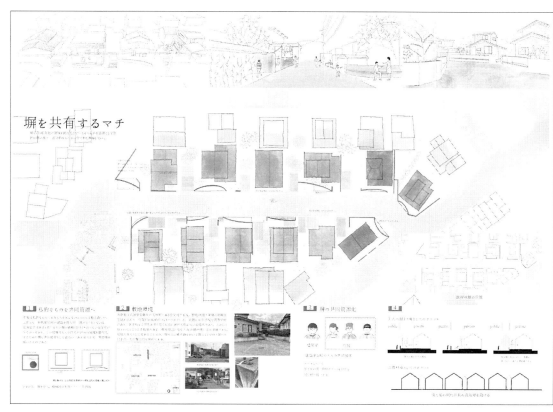

重なりの連なり
― 北海道下川町で廻る"コト"の循環 ―

支部入選

林拓実　　山田悠介
松下鯉太郎
北海道大学

CONCEPT

メンバーシップの中で資源にアクセスし、晴耕雨読的に時間を共有する。そのときに秩序に基づいて振る舞いが連鎖していく暮らし方。

北海道の北部に位置する人口3,000人の下川町は、森が広がり、その恩恵を享受している。誰のものでもなく誰のものでもある空間が触媒となり、街へオーバーラップし、無地がゆとりに変わる。ここで住民と移住者や来訪者の活動が重なり、連なることで、コモンズが再構築される。

支部講評

コモンズの再構築を北海道の北部にある森林豊富な小さな町を舞台に提案した作品である。住民はここの森林に恩恵を受け、森や木を媒介としてさまざまなコミュニケーションがつくられている。作者いわくモノを介してコトが連鎖し人が巡ることとなり、コモンズが再構築される。住宅地にその行為を誘発されるべく連なる建築的な場をめぐらせ、住民や移住者にとっても楽しい場所を提供している。さまざまな行事や出会いが発生し人と人がつながるという仕組みを考えた優れた提案である。

（小西彦仁）

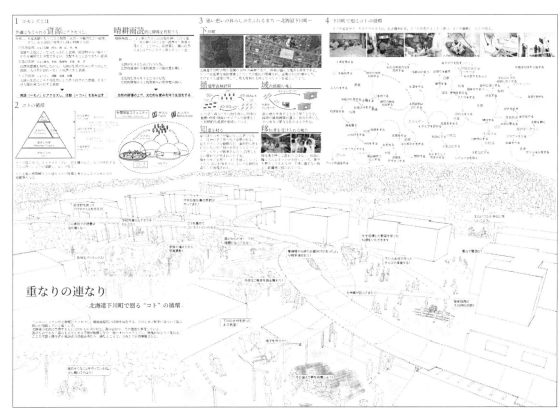

地を思う自治の更新
風景を柔らかに繋ぐむすびの提案

吉田雄太

東京理科大学

CONCEPT

異なる地区に、建築を二つ計画する。それぞれの機能は人やものを集めながら、その地での人の暮らしを豊かにする。二つの建築の地区での役割を考える。集まった人やものは建築の外に飛び出し、両者の間の資源を経由するむすびをつくりながらゆるやかにつながりはじめる。小さなむすびが連なり、重なり、地区と地区が繋がる。都市と都市が繋がる。

支部講評

地域に眠る道具の集約と、既存施設を手の届く建築に改変する2方向からのアプローチにより、その間のまちの交流と自治を促すアイデアは興味深い。思えばホームセンターで真剣に道具を物色する人たちは、なんだか皆頼り強い面持ちに見えるものだ。まちの人が皆あの面持ちになれば、きっとアクティヴで楽しいまちがつくられるだろう。だからこそ、道具を道具庫にただ集めるだけでなく、つどい場でそれらを発揮するところまでの具体的な提案がほしい。そうなれば、「道具を使いこなす人々は"人材"として地域資源化する」ことが誰の目にも明らかな、希望に満ちた空間となっただろう。

（松島潤平）

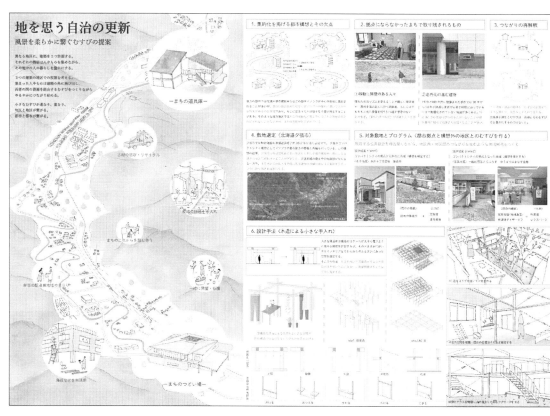

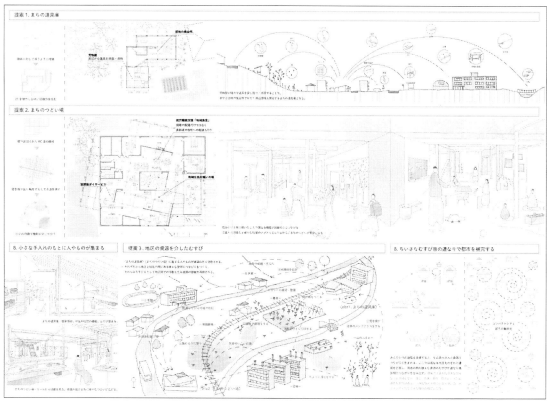

支部入選

LIFE IS BEAUTIFUL
室蘭市八丁平における土壌浄化とコモンズの再構築

森皓星
倉本恭輔
室蘭工業大学

CONCEPT

室蘭市八丁平における土壌汚染問題に対し、住民の生ごみと植物を用いて解決していく計画である。住民の生ごみを堆肥に変え、その養分で育つ植物が段階的に土壌を浄化する。このプロセスは、かつての「入会地」が果たした役割を再解釈し、現代に適応させる。生ごみ分別、堆肥作り、植物管理と、住民が触れ合う具体的な場所と作業を通じて、個人の日常がコミュニティの再生へとつながる。「鐵のまち」に、人と自然の調和する新たなコモンズを提案する。

支部講評

敷地の八丁平公園は、高度成長期に産業廃棄物投棄により土壌汚染された土地である。近年、広く平坦で眺望がよいため新興住宅地としての利用が望まれるが、そのためには汚染物質の除去が不可欠となる。そうした課題に対して、植物の浄化作用による土地の無毒化システムを提案している。計画された建築機能は、植物焼却炉と家庭生ごみの堆肥化装置であり、巨大な煙突は機能性以上にシンボルとして意匠性を強くもつ。提案は、行政単独で完結させず住民参加をシステムとして組み込むところに独創性がある。周辺住民は、日常生活の一部分として汚染物質除去に関わり続けるコモンズの構成員そのものだ。その楽観的ともいえる未来へのビジョンを評価した。

（山之内裕一）

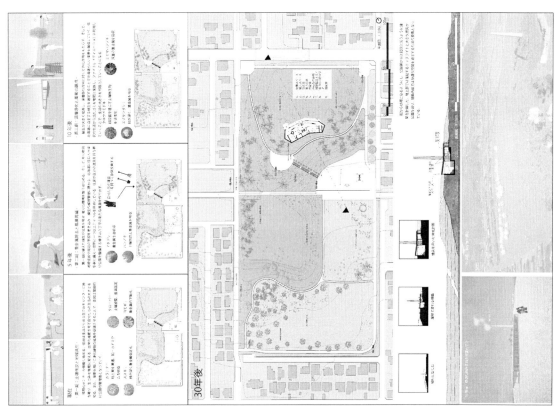

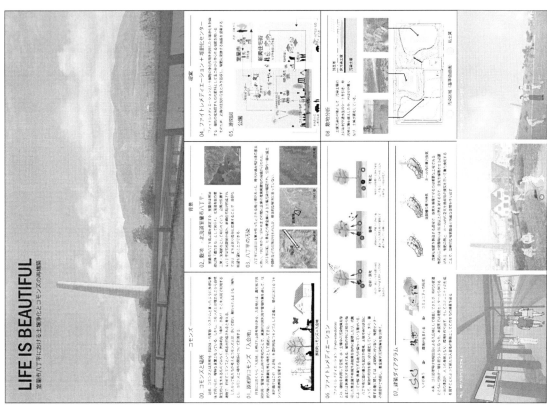

FUTURE HABITAT
水害多発地 丸森における住まい方の再考

マータース桃音　　趙赫洙　　　　宮瀬駿
森奈月　　　　　　臼井万南子　　田口昂志ヤスパー

早稲田大学

CONCEPT

宮城県丸森町では東日本台風の起こった2年後から、継続的に研究してきた。住民との対話を通して、豊かな歴史があっても地域のコモンズは縮小しうることがわかった。そして今までの水害の記憶を薄れさせ、大被害へ繋がるのだ。そんな水害への今の対策は、遊砂地、堤防、防災施設。これらに対して、不安を抱く住民たちがここ丸森町に住み続けていくために、変わりゆく川と呼応し続ける場所を彼らの語りとともに我々は考えていく。

支部講評

世界の災害研究に学びつつ、宮城県丸森町の2019年水害をもとに、うまる苗畑、こわす水防倉庫、ながす橋といった3様の"逆らわない"集落共同施設を提案した力作である。本設計競技以前から重ねてきたリサーチを活かし、空間の読み解きと地元への聞き取りを丹念に重ねあわせた点、土木インフラを批評しつつ地域資産として活かそうとする点、平常・災害・復興の各期から施設機能・形態を導き、土砂・土嚢等の共同移設作業だけでしなやかに持続する建築の可能性を描いた点などが高く評価された。ただ、3様の施設と設置数・規模が意図して素朴・禁欲的なため、生業や集落運営との整合性、現代コモンズの開拓可能性などにおいて控えめな印象を与えるかもしれない。

（大沼正寛）

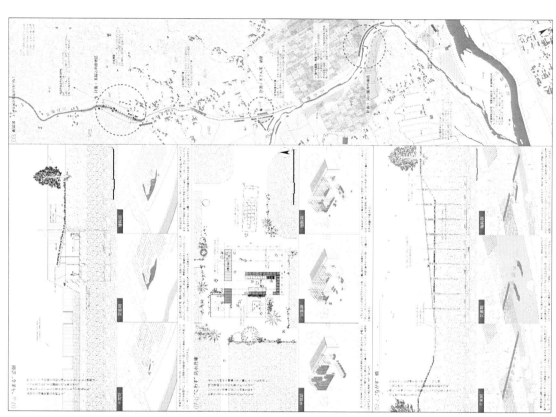

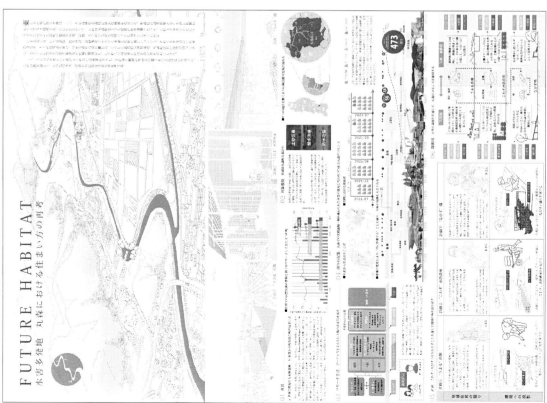

支部入選

ibain kolain

三浦大器　　佐藤侃　　藤田大輝
菊地健汰　　古山蓮大
東北工業大学

CONCEPT

宮城県丸森町の放置竹林に着目し、竹林整備を通じて"スキ"のあるコモンズを提唱する。放置竹林に対して身を投じることで、コモンズの在り方を観察・体験した。従来の閉鎖的な形態に対し、誰もが自由に介入できるコモンズを作る。竹林を整備し町に開放した共有空間を計画し、活動への参加や関心を促進する。"スキ"のあるコモンズは、未利用資源の活用や未来の環境と人の在り方に新たな視点を提供する。

支部講評

全国で維持管理が問題となっている放置竹林。提案者は宮城県丸森町に焦点をあて、町内の放置竹林を整備するNPOの活動に持続的に参加し、実体験としてコモンズに他者が介入できる仕組みの必要性に気付いた。その仕組みを「スキ」と定義し、他者が入り込む空間的・時間的な余地を想起させる点がユニークである。スキに整備される竹林と小屋、家具、人々が織りなす新たなランドスケープは、電車や船、車といった外部との関係性が描かれており、コモンズに関係のなかった来訪者や地域の人々も介入するきっかけをつくろうとしている点も評価できる。一方、各フェーズに到達する具体的な時間の考え方や、竹を建築材料とした新たな建築的提案の可能性も秘めている。今後に期待したい。

（今泉絵里花）

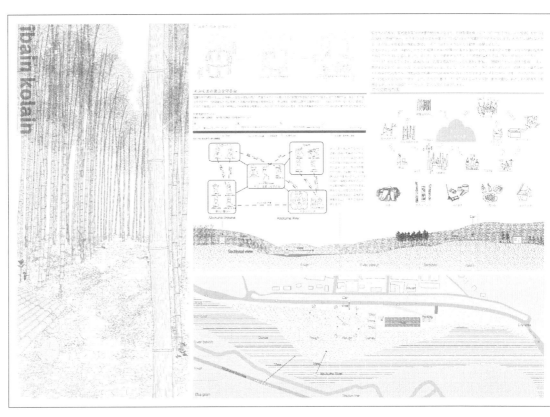

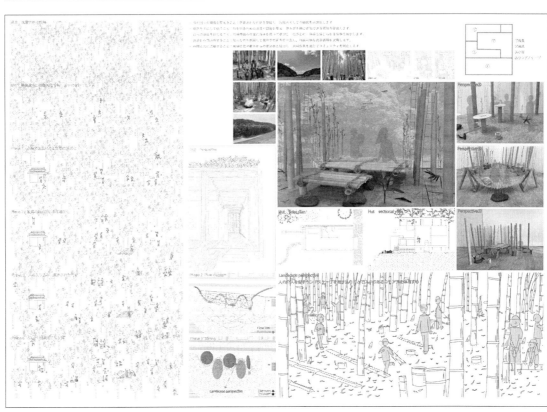

支部入選

木とあなたが、流れるミナト

五十嵐健太　加茂賢登
秋葉美緒　白井愛莉
東北工業大学

CONCEPT

木と人の流れを共存させるコモンズの再構築である。モノ、人、情報の流れが急速かつ飽和している昨今において、身を投じること、道具、資源化するうえで敷地が1つに限らないこと、建物という物体だけでなく、運搬という「うつろい」にも私たちが身を投じることが必要である。私たち提案者自身が、現在身をおく仙台市を対象とすることから始まった。そしてこれから私もあなたも身を投じていく、そんなレシピの提案である。

支部講評

多くの提案が、建築物の内部空間や周辺の都市空間をコモンズの対象としているのに対し、本作品は仙台の史実である木流しに着目し、木材の起点と終点、この地をつなぐインフラをコモンズの対象として扱ったことに特徴がある。山あいの集落から仙台の都心まで、単線の軌道を使って木材が移動するさまには風情を感じる。

一方で、木材の寸法が運び出し時点の軽トラックの荷台のサイズで規定されてしまっているのがとても残念である。電車の内寸、改札口の大きさ、青葉通りを担ぐ人々の行為などから決定し得ないのだろうか。結果的にできあがった建築空間は、どこかでみたことがある木造仮設構造物と大差なく、長距離を移動してきた木材の魅力を損ねている。

（小地沢将之）

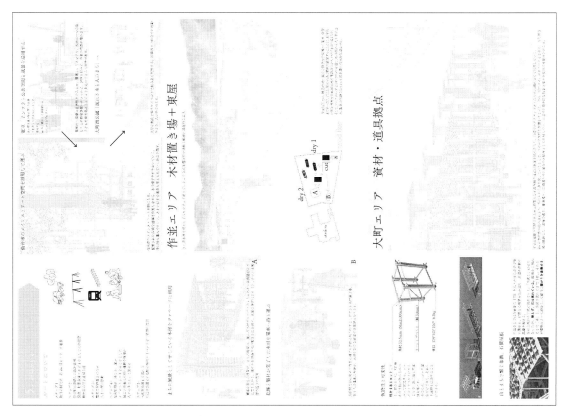

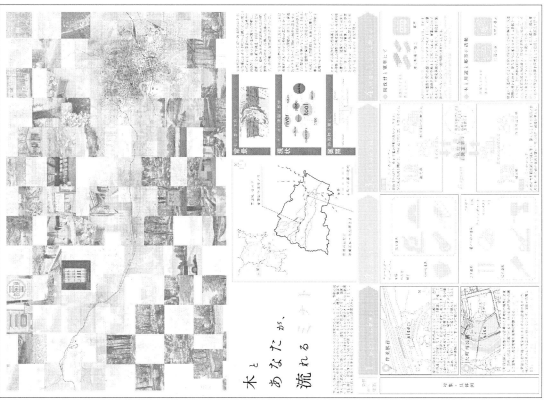

清明
－台南市街に残された遍在的な切断と縫合の跡を繋ぐ記憶の共有地－

菅野瑞七

東北大学

CONCEPT

本提案では、移り変わる都市計画によって、昔の営みや地域との関わりが断絶されてしまった「コモンズ＝記憶の共有地」の再構築について考える。都市に残された過去の痕跡、台湾の歴史的なコンテクストが混ざり合い交流する道のコモン空間を再編することで、分断されてしまった過去と人々の新たな関わり方を再考する建築を提案する。断絶された建物の痕跡を繋ぐ道は、日本統治時代を生きてきた台湾の歴史や風景・文化を後世に残していくとともに、さまざまな人々の活動空間を取り戻していく。

支部講評

台湾文化を色濃く残しながら、再開発が進行する台南市街の再生案である。「亭仔脚」「連続式家屋」「鉄窓花」「積層看板」といった歴史的な空間要素を読み取り、その再解釈で過去を蘇らせるアプローチである。その際、古い街路と新しい街路の二重化という都市現象に着眼し、それがもたらした街路と建物群の「偏在的な切断と縫合」を積極的に捉えた点が独創的である。この着眼点により、歴史的な要素がつながれるだけでなく、新たに鉄骨やコンテナなどの要素を縫うように挿入し、オモテとウラの二重化を再編する「立体路」の計画となった。単なる過去の蘇生ではなく、人々の交流や地域社会の強化という課題に対する提案も的確である。

（中村琢巳）

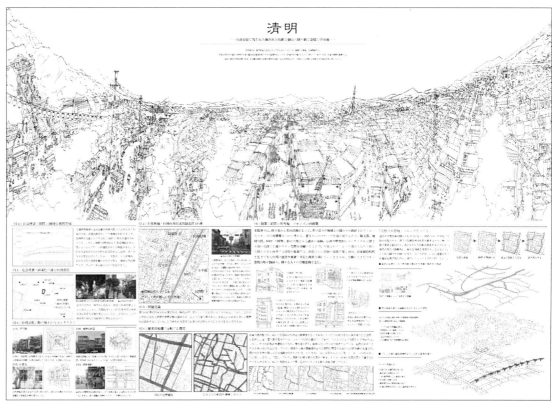

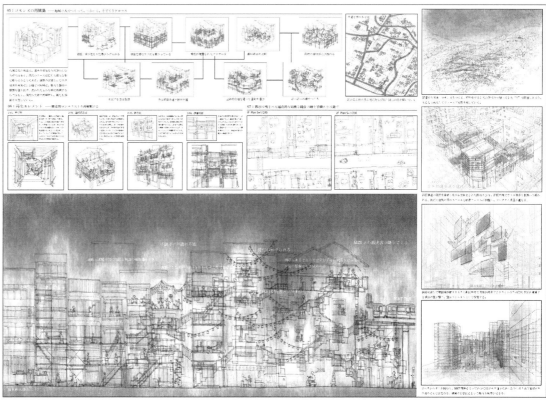

歩み代
未来に進むための余白

高橋杜真　　安田亜乃ん　　加藤駿介
阿部晴登　　NGUYEN QUOC DAT
東北工業大学

支部入選

CONCEPT

猫島と呼ばれる田代島では猫以外にも多くの魅力がある。猫を目的とした観光者は島の新たな魅力を見つけ、その場所で猫を介して島民と観光者につながりが生まれる施設を設計する。作る、置く、見る、知る、切る、運ぶ、立てる、座る。さまざまな体験は観光者を島のサイクルに介入させる。そのサイクルは次の観光者に繋がり、未来の田代島を作り出す。島民と観光者と猫の相互関係から田代島の新たな活気が生まれることを願う提案である。

支部講評

宮城県石巻市に位置する有人離島である田代島を敷地とした提案である。離島における過疎化の進行や空き家の増加は多分に漏れない地域課題であるが、島内における木材の地産地消を通した観光客による家具製作と居場所の形成に、島内に多数生息する野猫の振る舞いを掛け合わせた提案としている。島内に分散的に配置された小規模な製材所や休憩所などの建築群は、規格化された木材の使用に基づいているものとみられ、資材運搬や実際の建設時にも無理が生じない設計である点に好感がもてる。一方で、島民と野猫との関係性をその地でのコモンズと捉えた場合に、その実態をより丹念に調査し、建築空間に表現できれば一層説得力のある提案になったとも感じる次第である。

（栗原広佑）

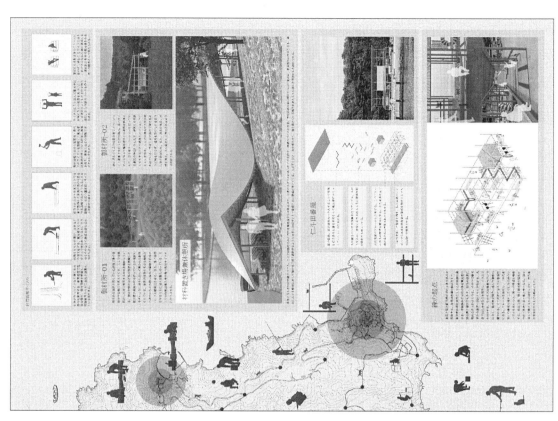

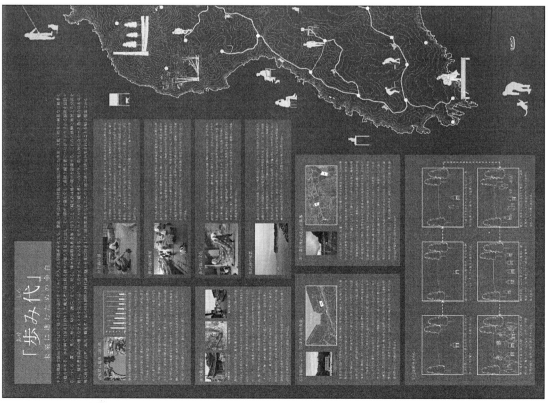

天空墓地
都市とともに生きる記憶

伊吾田由菜
安彦凌河

芝浦工業大学

CONCEPT

この設計は高層マンションと墓地を一体化させ、住民が日常生活の中で先祖を敬い、自らの死後設計を身近に感じる新しいライフスタイルを提案する。都市の中心に位置する高層マンションの屋上緑化を活用し、住民が自然と調和した墓地空間を管理することで、家族単位ではなく地域単位での共同体験を促進する。この空間が都市内で孤独を感じることなく、地域の仲間とともに最期まで生ききる環境となっていく。

支部講評

日常の生活空間とは乖離した存在である墓地が、ごく身近でかつ特別な場所になり得る屋上にあることの意味は大きい。家族関係が希薄化する現代において、友人・知人が気軽に訪れることができ、都市部だからこそ享受できるルーフトップの心地よさと、空に近い特別な場所としての墓地を重ね合わせた作者の気付きに、新たなコモンズ創出の可能性を感じ推した。一方で、描かれていた墓地のドローイングが通常の墓地とあまり差異がなく、ルーフトップだからこそできる墓地空間についてもっと言及がほしかったところである。

（藤貴彰）

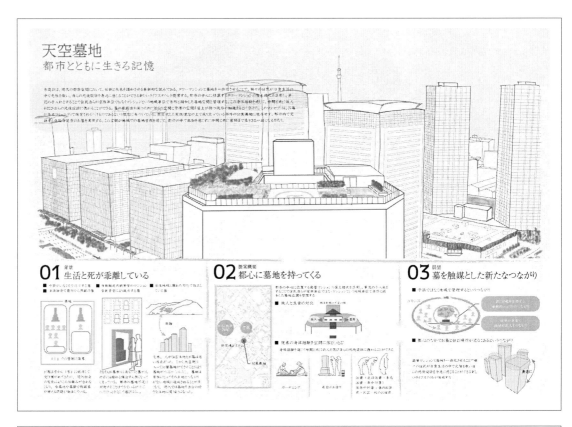

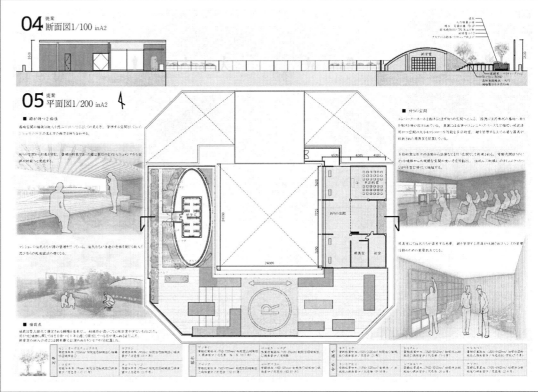

"食"集うとき、再賑する水塚

青山健生　井田雅治　吉本楓
川上玄　神山響　向出祥馬
大阪工業大学

支部入選

CONCEPT

かつて水害が多発していた地域では、住民たちの助け合いのもとで土を盛り、蔵を建てることで生活を守る、水防建築である「水塚」を介した協働的暮らしが営まれていた。しかし、新たな堤防や駅前開発により水塚は空洞化しコモンズは消滅。その結果、地域コミュニティに属さない高齢者が生鮮食品を手に入れられない食の砂漠化が発生した。本提案では地域の食物を集め、生産者と消費者の垣根を越えた協働的な暮らしを再生する食の拠点によって高齢者は健康と主体的な外出という二面的な自己変容を獲得する。

支部講評

平面的に比較的コンパクトにまとまっている水塚が、ぐるぐるとスパイラルアップしていく建築的地形的造形がコモンズとしてのさまざまな魅力を生んでいる提案である。動線長が長いことが、多様な出来事に出くわす機会を増やしている。歩みを進めるにつれて断面方向の関係性も変化し、空間の主従が変容していくのも面白い。栽培や乾燥を兼ねたルーバーの配置なども食をテーマとしながらも、きちんと地形的特性として昇華されており、コモンズを生み出すきっかけとなっている。非常に質の高い提案であると関東支部審査員全員の意見が一致し、選出をした。

（藤貴彰）

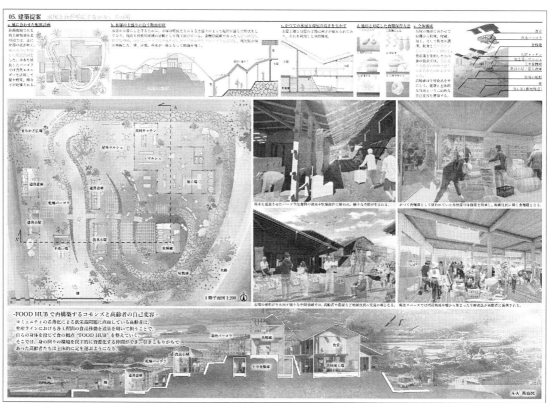

新宿ダイナミズム改変
更新する環境と都市のせめぎ合いからの都市のコモンズを構築する

支部入選

横山大志
城崎真弥 *

東北大学　*近畿大学

CONCEPT

都市を観察すると、身の回りの動き続ける環境を住人が読み解き、活用することでコミュニティが維持されている例が見られる。このような動的な環境と都市が拮抗する関係では、人々は環境に介入せざるを得ず、想像力を働かせながら場を共有していく。これらの観察を手掛かりに、動的な環境と都市のせめぎ合いをデザインし、新たな都市のコモンズを考える。今後更新期を迎える西新宿を対象に、ダイナミックに動き続けてきた都市を、開発残土やインフラの更新を用いて、動的な環境と都市がせめぎ合うコモンズへと再編する。

支部講評

東京らしいスーパースケールの建築が密集する都市空間に着目している。新たな公共性を求めた提案と、動的な環境をつくり出す大きなテーマに挑戦している。1970年代以降、活発に開発された初期東京のシンボル'西新宿の超高層ビル群'。築後半世紀が経過し、エリアの抱える不動産価値の低減や、改めて現代都市に欠如しているアクティビティや環境面への課題を抽出した。いくつかの既存ビルや西新宿の都市断面を緻密に分析し、特徴ある大断面を積極的に活用し、立体的な都市インフラの改変に取り組んでいる。超高層ビル街が抱える課題意識と、さらには幅広い多様な分野の人々が関与するためのコモンを構築したアプローチを評価したい。
（恩田聡）

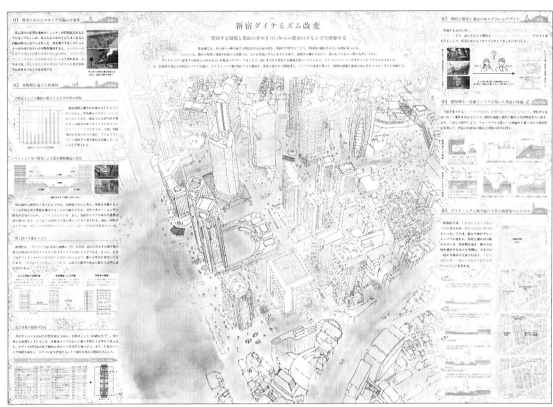

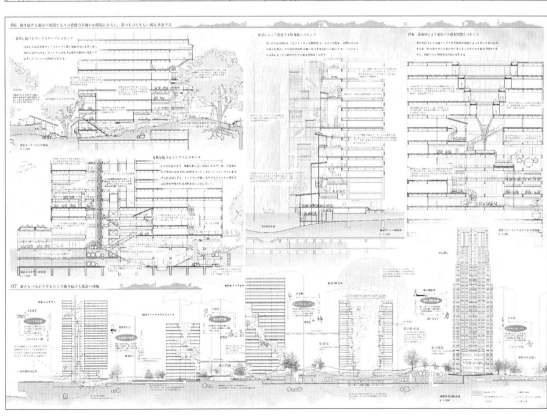

支部入選

コトとばし
~言葉がはねて、誰かがひろう、偶発性~

竹間大貴　　松村拓音
松村香里　　大歳海斗
日本大学

CONCEPT

SNSの普及により人々は「声」を発することなくネット上でやり取りをしてきた結果、「声」が失われ、分断されてきているのではないだろうか。会話をする二人の「声」が第三者に聞きこえ、会話のタネや発想のタネが偶発的に広がっていく。そんな「声」という資源をつかって、分断が進む今現在に橋を渡したい。そんな願いを込めて、言問橋の橋の下で「声」を飛ばしてみることを提案する。

支部講評

ふわふわとした地形が音の指向性を高めたり、拡散をしたりすることで、他者との関係性が生まれる空間は体験をしてみたいと思った。作者は音に言及していたが、描き出されていた空間はおそらく視覚や触覚などの他の感覚にも影響を与えるものなのではないだろうか。また、この施設は水質浄化の装置になっているとのことだったが、例えば上部空間凹みの一部が水質浄化後の水が沸く施設になっていて、そこで戯れたり、温泉のように浸かることができるようなシチュエーションがあれば、もっと偶発的な親密さが生まれるかもしれない。都市部に挿入された公園のような橋が生み出す新たな感覚がコモンズとして機能する可能性に魅力を感じた。

(藤貴彰)

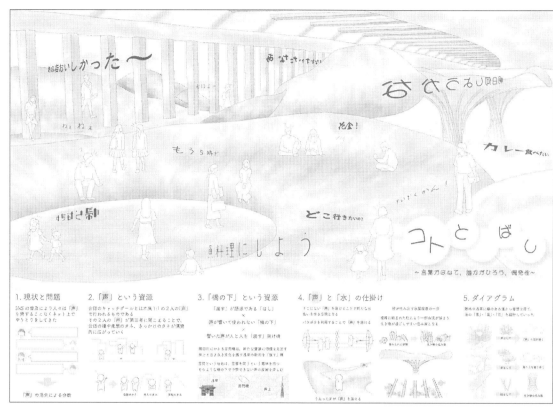

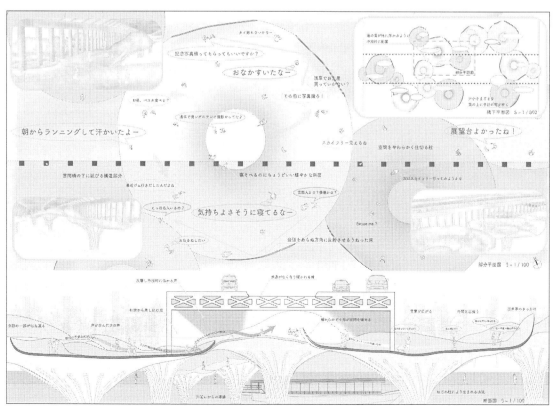

支部入選

桑都の再生

石井桜子　　大森康生
花尻純
早稲田大学

CONCEPT

東京に唯一残った養蚕地。現存する地域産業の薄明かりに、コモンズの実用提案を行う。蚕に欠かせない小川と彼らを祀る神社、放棄された手つかずの倉庫と農地に、再生資源価値を見出し、地元の人々が緩やかに繋がる共有空間をつくりだす。子どもたちは、遊ぶ中で蚕にふれ、おとなたちは、その環境を整え、紡いでいく。倉庫は、桑畑と農地の手入れに活用され、楼は、新しい生活の景色となって馴染むだろう。生きるものに町でふれる。ひとりひとりが空間をつくりかさねる余白をもつ建築の提案である。

支部講評

「桑都」と呼ばれる珍しい地域に着目し、そのまちと産業がもつ特徴を備えた建築を挿入することで、新しい風景に変えてしまおうという野心的な提案。養蚕の観察から生まれたシンボリックな楼が特徴的だが、「吊るす」「結ぶ」など、さまざまな活動を受け入れられそうな普遍性もある。
思えば、窯が点在する焼き物の町だけでなく、漁村や農村などにおいても、かつてはその地域ごとの生業が建築の形となり、それぞれに個性的なまちの風景をつくっていた。風景の画一化がすすむ現代では、このような視点をより大切にしたい。それゆえ、既存の構造体に無理に介入せず、もうすこし寄り添った建ち方もあるのではと感じた。一方で、すぐに実現できそうな手軽さがあり、周辺環境の観察や、場のつくり方に気が利いているため、自然と人々が集まりそうな魅力がある。

（虎尾亮太）

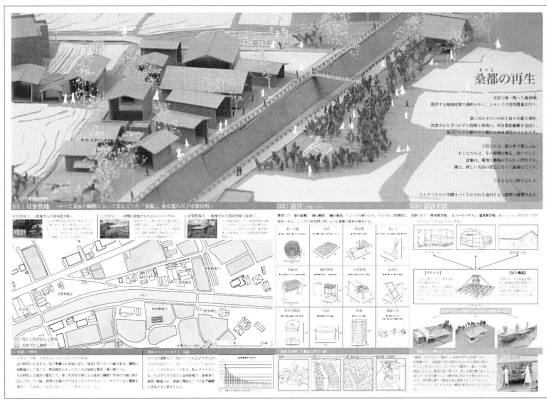

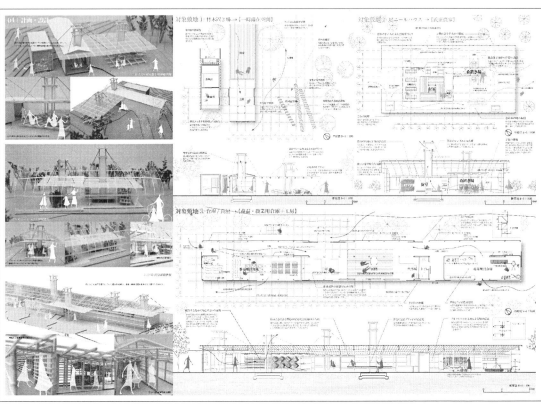

支部入選

「カク」を打ち込み、「キョウ」を組む

小林智也　森田彰
山中匠
東海大学

CONCEPT

角打ちでは多様な情報が飛び交い、日常では感じない価値に気付く。私たちは情報を持ち寄る場をコモンズとし、情報の結晶、「本」を用いてコモンズを構築した。神保町すずらん通りは本以外の専門店が立ち並び、そこに本と角打ちによって人の場を生む。専門書の棚を店前に設け、庇をかけて領域を作る。棚と庇を組み替えることで神保町の人々が自由にコモンズを構築できるようにし、将来的に神保町の全域にこの操作が広がる計画である。

支部講評

神保町のまちの魅力は「店先の本」と「庇」でできていると捉え、そこに「角打ち」という行為をブレンドすることで、その魅力をより面的に増幅させようとする提案。「角打ち」という行為をもち込んだアイデアと、道を挟んで行き来できるようなスケールをもつ、すずらん通りに着目した点が面白い。店先につながれた膜屋根に導かれて、まちをあちこちホッピングしていく様が想像できる。

一方で、完全な可動物のみではなく、まちづくりのルールや協定などで店先の設えを工夫するなど、恒久的なつくりに対する提案があってもよかった。日や時間によって姿を変えるというイベントに頼るのではなく、本をきっかけとした、この場所ならではのいつも変わらぬ風景が多種多様な人を集め、その集まりが多様な展開を見せることを期待したい。

（虎尾亮太）

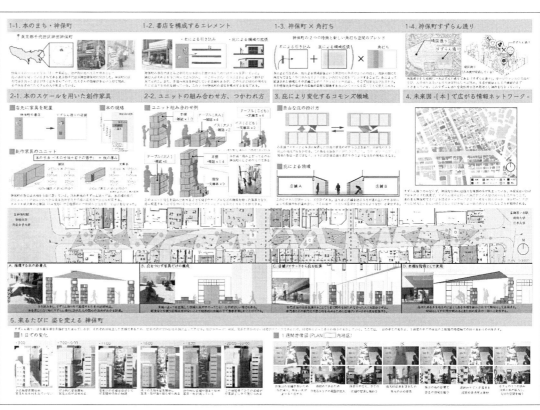

Walking Through Closet
― モノがたまり価値が転換する日常の徒歩ネットワーク ―

支部入選

髙橋珠里愛　安室湧樹
都丸優也
東海大学

CONCEPT

開発された大規模団地の住環境と残された里山が混在する横浜若葉台。かつての里山を介したコモンズは消失し、資源サイクルが途絶えた消費主体の都市的生活の中で、人々は多くのゴミを排出するようになった。本提案では敷地内に計画的に張り巡らされた歩行者専用道路のネットワークを活用し、住民が不要となったモノを一時的に保管・共有できる場を点在させたコモンズルートを提案する。団地コミュニティの日常動線の中で、終始誰かの不要が誰かの必要へと転換し、不要なモノから生まれる時間に囚われないコモンズが形成されていく。

支部講評

この提案は、都市環境が潜在的に複雑で多様な散歩空間であることと、それが、散策者が媒介する資源のネットワークにもなりうることを気づかせてくれている。コモンズルート上のたまりを構成するFRAMEは、人と物の結節点を顕在化して、既存の道やまちの見方を変えることで、都市空間をコモンズとして再構成しようとするしたたかな戦略を感じる意欲作だ。FRAMEはまた、資源を集める「堰」のようなもので、それぞれにスケールと設えが工夫されているが、そこに集積されるであろう資源と体験を想像すると、もっと空間構成や構成素材に場所ごとに多様な提案があったり、逆に、場のちからを引き出すささやかな設えの提案があっても良いのかもしれない。

（市川竜吾）

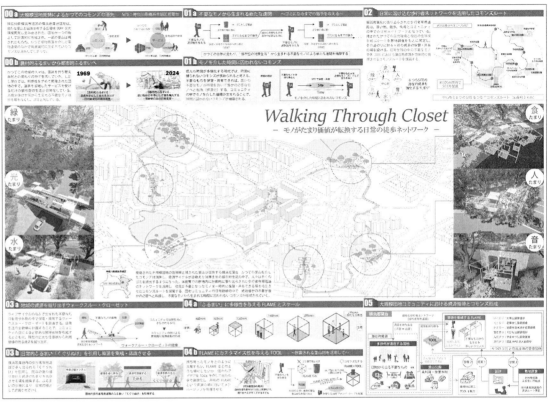

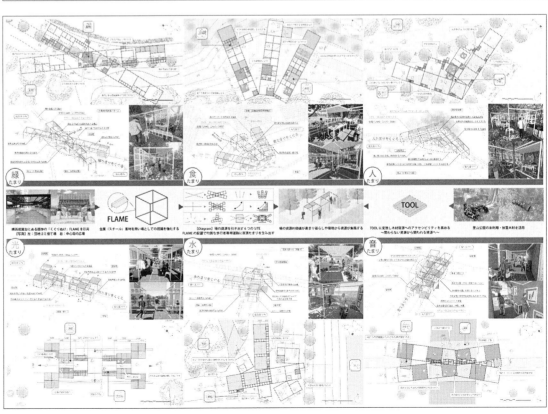

支部入選

かりずまい

澤田明里　　白川源太郎
城野雅貴
名城大学

CONCEPT

対象地は東京都墨田区京島地区木密地域。道路拡張や建て替えにより組まれる足場は、幅に合わせ多様な場所に対応する。また仮設性を持ち、容易に組み立て・解体することができ常設物よりさまざまな設置が許容される。足場をマチで管理し、住民が自主的に足場を使えるシステムを提案する。足場を管理する拠点となる「アシバンク」から、住民たちは足場を持ち出し広げていく。住民は自身の生活環境を再認識するきっかけとなり、多くの課題をもつ場所に住んでいるという自覚と責任をもつだろう。

支部講評

建設と建設のあいだに存在する「足場」というテンポラリーな仕組みに、あらたな日常的なコモンズを支える可能性を見出している。街の資源として、空き家や担い手をストックするのではなく、足場という手段をストックし、それが副次的に場を生むことが秀逸な提案だ。一方で、アシバンクとしての日常使いの場面で、足場がなお、主に床をつくる足場としてばかり使われる想定であることには、違和感がある。一部、植木棚のように使われるイメージが描かれているように、家具や什器、屋根、生垣や擁壁のような、暮らしを取り巻く工作物に、さまざまなスケールで転用されることを期待し、射程の広い提案にできないだろうか。

（市川竜吾）

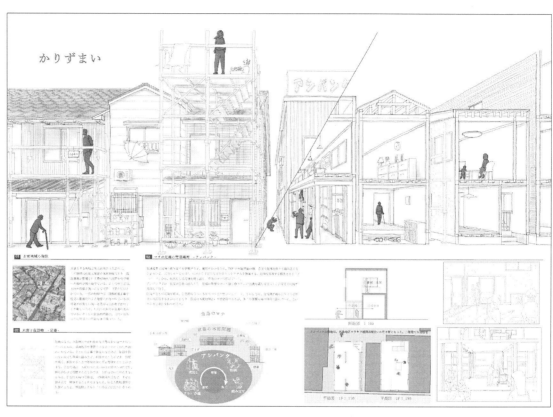

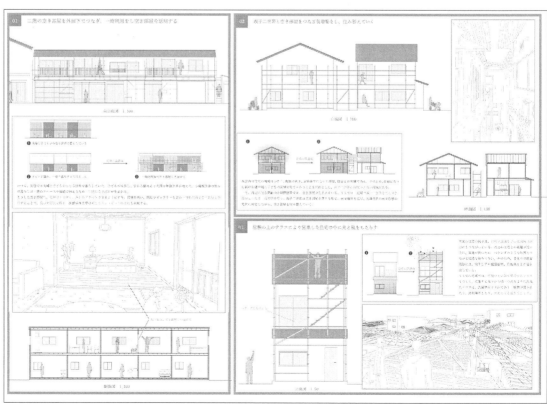

支部入選

踊り場連盟

御巫景祐

早稲田大学

CONCEPT

銀座には、江戸時代の長屋の居住空間を起源とする非常階段やダクトなどの集まる裏路地が潜み、街を支える労働者にとってのアジールになっているが近年消えつつある。そこに既存ビルの小さな間口に合わせた階高の異なる非常階段を路地に平行に連ねていくことで、隣り合う踊り場の間にさまざまなずれをうみ、人々のDIY的な介入や段差をまたいだアクティビティ、交流などのソフトな操作によって、緩やかなコモンズを再構築する。

支部講評

地価が高く建物間が近接し、狭幅の路地が僅かに残る高密度都市・銀座。メインストリートにはブランドの顔となるショーケース建築が隙間なく建ち並ぶ。提案では、この建物群の隣地側や裏側を活用し、階段スペースすらも利用して対価を得てコモンズを構築した。立地特有の独自性を引き出し、逆説的なコトづくりを生んでいる。まさに都市の隙間となる、もう一つの'居場所'に着目した計画であり、避難階段という既存の建物インフラをつなぐアイデアも面白く、街の表と対比したコモンズの在り方が提案されている。密集してからこそできる都市の間を共有利用し、また将来的に生じるよい意味でのズレも魅力的な動きのあるコモンズ構築につながるのではないだろうか。

（恩田聡）

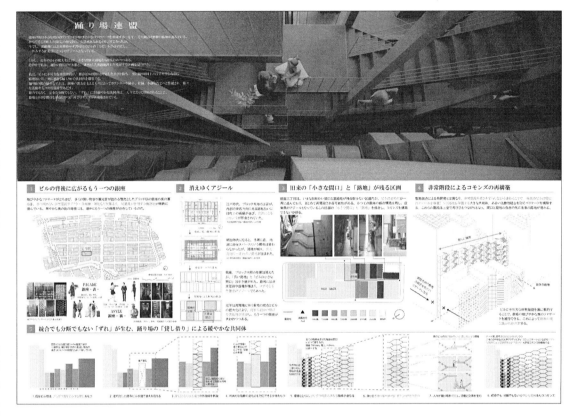

マンモスの更新
都心に佇む団地に構築するコモンズ空間

支部入選

奥村碩人　　荒木陽哉
山口直也　　熊本一希
日本大学

CONCEPT

資本を大量消費し、資本主義に依存した生活が環境の破壊を招いている。環境破壊が進む東京にも自然豊かな団地が存在している。そこに住む人は所得が低く、資本主義の被害者と言える。所得は低いが時間があり、コミュニティを求める住人のために、増加する空き家をコモンズ空間として使えるように整備する。老朽化対策を行いながら、団地同士を繋ぐ。身の回りの環境を、道具を手にして、自らの身体を投じて、資源化し、周辺住人とともに生きて行く新たな団地の提案。

支部講評

1960～70年代に、良好な住環境を目的に大量供給された団地建築。築後60年を迎えた新時代にあるべき姿を、サスティナブルな要素技術の導入をはじめとする改修、多種用途への改変・拡張を提案している。既存の巨大かつ、住宅用途のみからなるオオバコ建築が与える物理的インパクトは非常に大きい。高齢者入居率が顕著となっている現代の課題に加え、新たに要求される幅広い機能をクロスコネクトさせる計画は、改めて若年層世代や外国人の方との交流を活発化させることだろう。低層部デッキ等で隣棟間を連結させ、より多層断面的に、ダイナミックな空間が挿入された計画は、人が集まることでより強いコトづくりを生み、新たなコモン構築につながることだろう。

（恩田聡）

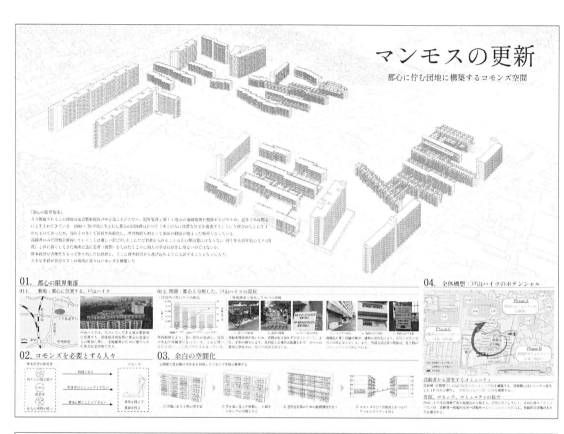

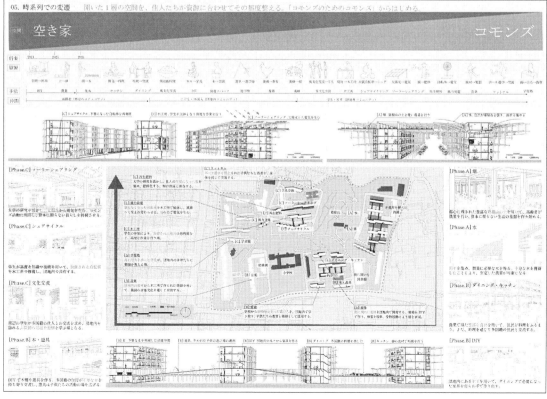

竹採ものがたり
－新興住宅地に眠る竹を暮らしに結わえる－

内田翔太　　髙橋佑奈 **
牛田結理 *

千葉大学　*東京都立大学　**明治大学

支部入選

CONCEPT

昔の人は竹林を大切な資源として、竹林環境を整えながら暮らしていたが、竹に代わる石油製品の登場により竹の需要が減少、人は次第に竹を放置するようになってしまった。人の暮らしと竹林の繋がりは切れてしまったのだろうか。新興住宅地において、放置された眠ったままの竹林を、共有の資源として新たに地域の人たちが管理する。その資源をきっかけに人々の暮らしがお金ではない関係性を生み出し、豊かなまちをつくり出していく。道具を手にした人は、ものづくりを通した竹と人との関係性を結び直すものがたりを始める。

支部講評

かつて林業、農業をともにしてきた住民間には互いに労力を提供し助け合うことで自然と「結」が存在してきた。しかしながら山を切り開いた新興住宅地には、そのような見えやすい地域の連関は存在しにくい。そこで開発の際に放置された竹林を共有資源と捉え、地域住民が管理し、竹の街並みを生み出していくことでコモンズを再構築しようとした提案である。
誰でも参加できる資源である竹は参加者に身体性をもたらすであろう。また旬の食としてだけでなく土中環境さえも改善していく。
3種の竹による建築や家具は定期的に修繕をしなければならないが、むしろコモンズを維持していくために重要な要素である。人々の暮らしを繋げ「結」を生み出し得るのではないだろうかと期待するものである。

（西口賢）

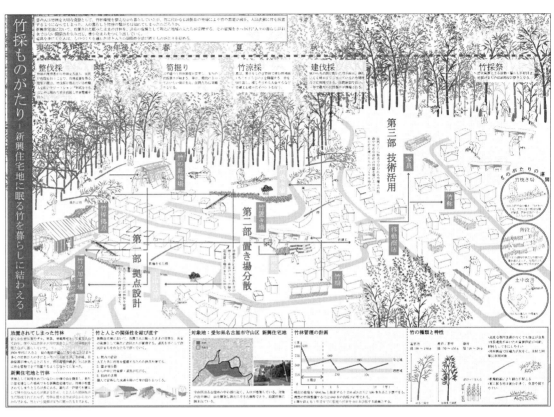

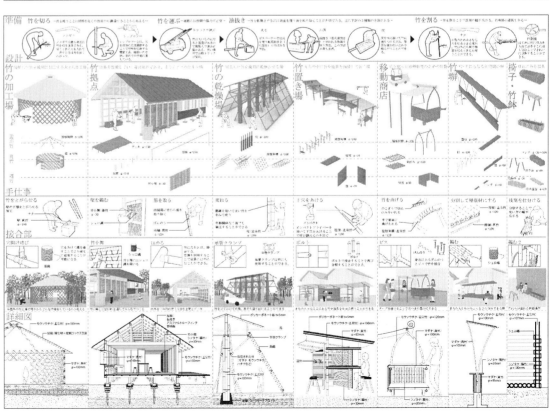

支部入選

大湫の水道

林亨祐　　　大津留依舞
白石光
名城大学

CONCEPT

大湫町は、リニア開発の掘削工事により地下水源が枯渇した。広大な水田に利用されていた地下水源の枯渇は、住民の生活に大きな影響を及ぼしている。これをきっかけに生活排水に着目し、一部を農業用水に転用する環境装置を提案する。共同管理を必要とし、資源を獲得する力や資源化する力が身につくとともに、個人の力の限界を知ることで、コモンズは再構築される。

支部講評

本作品は、岐阜県瑞浪市大湫町で起きたリニアの掘削工事による水の枯渇問題への意識から、「背割り排水」を活用して「生活再利用水」を農業用水に転用することを目指した環境装置を提案するものである。この装置を構築するために、水との関わり方を見つめ直し、リニア残土、竹林、建築古材、籾殻といった廃棄されるものへ価値付けすることがコモンズの起点となっている。都市を支えるためのインフラ開発への反応は地域によってさまざまだが、本作品からは、開発から生じる問題を地域で受容し、地域に潜在する資源と人によって乗り越え、新たなランドスケープへと昇華させようとする力強さを感じた。また、この場所が大湫町の新たな風景となり得る点でも評価したい。

（谿口志保）

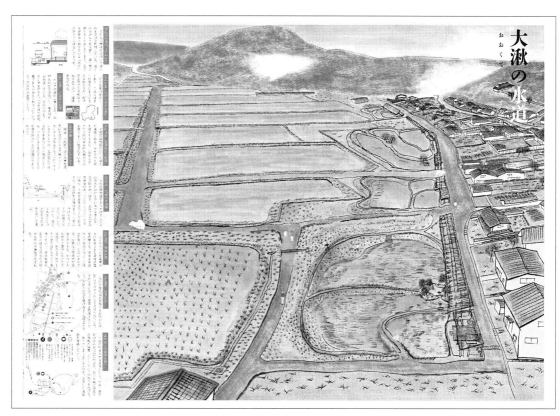

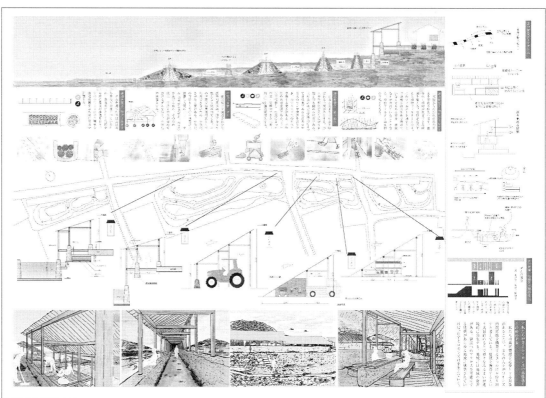

時をかける羊

中瀬加南　　前川咲葉　　岡山莉呼
前田有貴子　大倉若菜　　伊藤颯人
愛知淑徳大学

CONCEPT

繊維産業の街として栄えた愛知県の尾州地域では、古くから貴重なウールを無駄にしない「毛七」と呼ばれる羊毛再生技術の伝統がある。既存のノコギリ屋根工場を改修し、繊維に関連するさまざまな活動の拠点となる繊維クラブを形成する。毛七工場の技術への関心、廃棄服活用による資源への考え方、手芸クラブのものづくりを介した人との関わり、牧羊を通して自らの手で飼い育てる楽しみや喜びを感じられる場所をつくることでコモンズを再構築する。

支部講評

本作品は、愛知県一宮市のノコギリ屋根工場に繊維クラブの活動拠点を提案するもので、ここに羊の飼育場を共存させ、工場の余剰空間を外部化し、繊維産業で栄えたまちならではの子どもも関われるコモンズを再構築させようとする試みである。毛織物の材料といった従来の扱い方だけではなく、羊の存在自体を資源として捉えたところがこの作品の肝である。上部に庇をかけ、機能ごとに分けられた小さな箱をインストールし、南北軸上に道を引き込む。このような操作によって物理的に引かれた境界線を越えて自由気ままに動きまわる羊からは、領域や場所の使い方に対する揺らぎや曖昧さが増幅させられ、新たなコモンズの在り方を発見させてくれる点で高く評価したい。

（謡口志保）

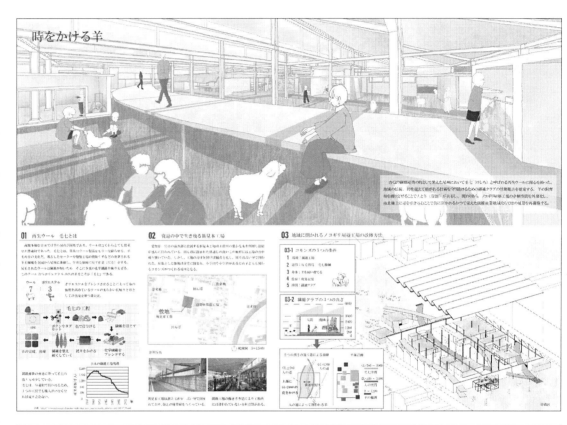

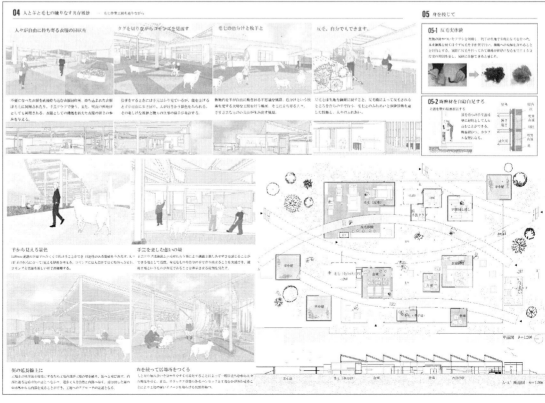

都市のプールでキャンプする

支部入選

川上依吹　荒川紗彩　山田凌央
松井宏樹　田中健翔　松田大聖

名城大学

CONCEPT

都市で生活する人の暮らしは資本主義による効率を求めた考えに基づいた環境となっており、サービスという形で受動的に暮らしの豊かさを享受している。

機能、サービスを享受するのではなく、各々が能動的に暮らしの豊かさを開拓していく、都市でキャンプをするような暮らし方が必要だと考える。そこで都市の余白空間であるモータープール、つまりはコインパーキングをフィールドとし、都市環境に対して整えながら生活の延長上にある場を目指す。

支部講評

比較的郊外においてコモンズを再考する案が多い中、本案は都市部での提案で特に個性が際立った案だと感じられた。地方大都市の駅近でありながら、コインパーキングや、空き地が目立つ現況は、さまざまな20世紀的経済至上主義、所有の概念の皺寄せであるという。しかし、そのような場所にも人間らしい生命力のようなものが滲み出ていて、それを助長する道具を与えることで、人間同士の関係を加速度的に促すことができるという案である。道具は「プール」と「煙突」。都市の環境を悪化しているような要因を皮肉的に利用し、人々が原始的生活への憧れを娯楽化したキャンプという形で、新たな都市生活を促す妙案である。

（田井幹夫）

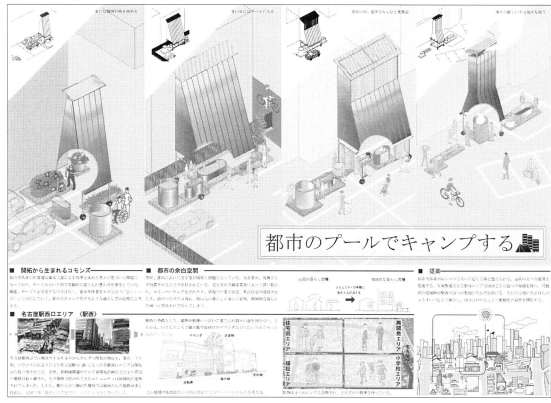

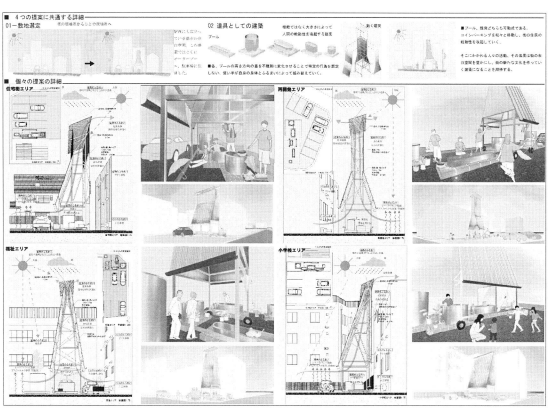

支部入選

集める、あつまる...

鈴木聡太　杉浦梨咲
加藤哲也　石川陽久
名城大学

CONCEPT

小学校の学区は、公共を中心として各家庭まで網目状に広がるネットワークである。しかし、私有地を集合場所に指定してはいけないことになっており、道路などが指定されることも多い。集合場所の存在は、公私のグレーゾーンで行われている。私たちは、公共の見守り体制が行き届かない末端において、新しいコモンズの在り方を考える意義があると考える。

支部講評

子どもたちのためのコモンズを「集団登校の集合場所」としたのがまず上手い。それが窮屈で危険な歩道上のどこかでなくきちんと「場所」として設定されることで、小学生たちが毎朝必ず、きっと帰り道にも立ち寄り、芋づる式に親や地域の人も関わる場になっていくことには、リアリティがある。城下町・観光都市犬山だからこそ残された古い塀に孔を開け、数種の居場所をつくる、周囲より飛び出た旧囲碁サロンには路を貫通させる等の方法も具体的な観察に基づきつつ汎用性もあり、空き店舗が増える現在、実現性もありそうだ。欲をいえば、場を提供する側の関わりの意味とここを使う子どもたちや大人が手を動かしカスタマイズしていける提案もあればと思った。

（山岸綾）

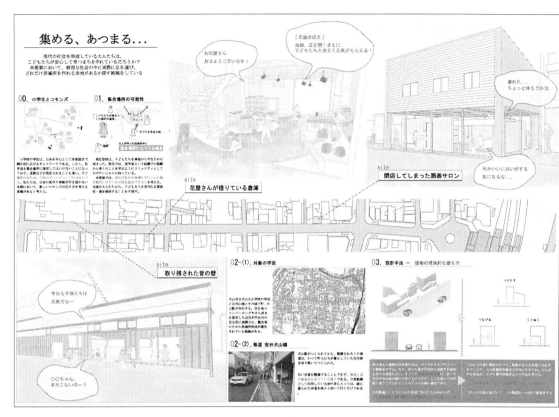

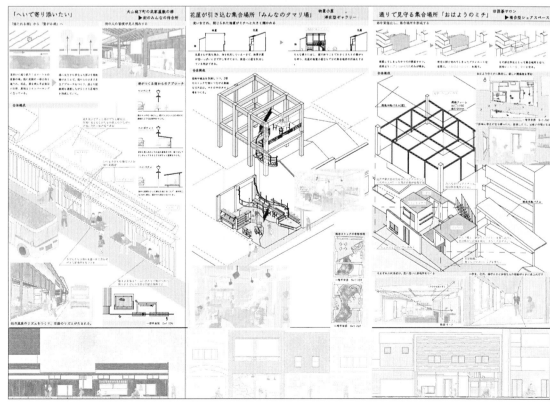

生きる燈りをまとう

大橋碧　　福本翔大　　杉山美緒
川原颯介　　前園和紀

早稲田大学

CONCEPT

近年衰退しつつある能登町宇出津のキリコ祭りが、震災によりインフラ整備が未だ整っていない状況にも関わらず、心の復興を願って開催されることが決定した。キリコの保管場所や製材所が失われた今、住民によって手入れされるキリコの家を設計する。キリコの寸法から形作られた「衣服的建築」によって、キリコを介したコモンズが生まれる。衰退する祭りがまちを復興へと導く燈火となり、まちの象徴として生き続ける未来を提案する。

支部講評

コモンズ再構築に加え能登地震からの復興にも取り組んだ提案である。大きな被害を受けた能都町宇出津で開催されるキリコ祭りを利用して再構築を目指した。非日常的な避難生活を強いられる住民が、地元の祭りの建築に積極的に関わることでできるコモンズは、復興の足掛かりにもなり得る魅力的な提案である。計画は、いわゆる「山車」であるキリコから導き出された「衣服的建築」の、建設過程や構法を丁寧に分析し地域の力で実現できるものとしている。そこで提案された、シェア工房や子どもの抜け道などコモンズ再構築につながる空間は魅力的である。さらにそれらがこれからの日常の生活に浸透していく過程も描かれており優れた提案と評価できる。

（鈴木晋）

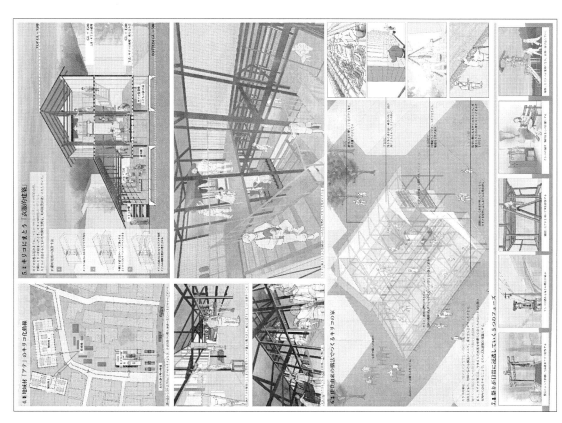

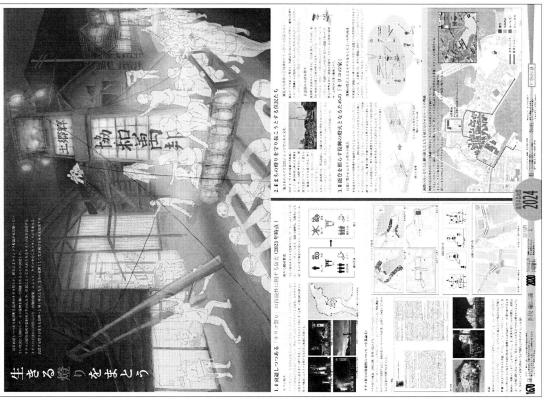

足るを知る暮らし
―村の精神を手がかりとした放置竹林活用による源流村の再構築―

支部入選

岡田大輝　柴田誠也　嶋根由佳
李佳泉　倉橋希実
愛知工業大学

CONCEPT

「自ら地域の手入れをする暮らし」をコモンズと定義した。矢作川の源流域である長野県下伊那郡根羽村には「足るを知る」精神に則り、その場にあるものを用いて、村民が協力して暮らしを形作っていた。しかし、都市部へ人口流出した結果、「足るを知る」精神は失われ、放置竹林という地域課題を抱えることとなった。そこで、竹を"資源"と捉え直し、それを活用して源流域と下流域の人が関わりながら、かつてあった「足るを知る」精神を持ちあわせたコモンズを再構築する。

支部講評

長野県根羽村から愛知県へと流れる矢作川。その源流域に放置された竹林に着目した提案である。具体的には、下流域住民も参加しながらの伐採・加工によって、竹材をさまざまに活用する新たな集落の在り方が描き出されている。竹材の利用方法が漏れなく示されているだけでなく、竹製足場が林立したような新たな集落風景からは、かつての工事現場を彷彿させる不思議な活気が伝わってくる。その一方で、「足るを知る暮らし」という提案の核心が明確に浮かび上がってこないため、総花的な印象が残ってしまう結果となった。ひょっとすると本提案は、「コモンズの再構築」という枠に収まらない内容だったのかもしれない。

（佐藤考一）

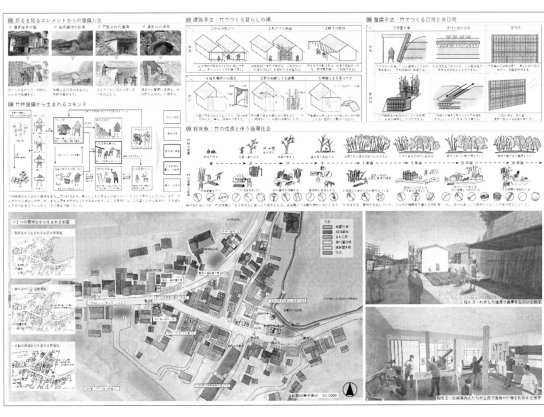

葦を拓いて潟を開く
～拡張する利用と空間～

田中宗忠　　盛田喜暉　　本間大雅

新潟大学

支部入選

CONCEPT

かつて周辺住民の生業の場であった福島潟は、利用されることで共同管理されるコモンズの場となっていた。しかし現代では、一部の人が管理するのみで、人々は潟へ入らずに外から水辺の自然を楽しむにとどまっている。これらの背景から、人々と潟との関わりを再構築することを目的とし、新しい潟の利用を提案する。福島潟を取り囲むそれぞれの魅力を楽しみつつ、葦や泥を利用することで、人々が無意識のうちに水辺環境を整えていく仕組みをつくりあげる。

支部講評

新潟県新潟市北区、福島潟にかつてあった生業の場＝エコシステムを現代においてコモンズの場として再発見・再定義しようとする提案である。干拓によって進行した陸地化に対して、「浮島」をプラットフォームとした多様な活動によって、人々が再び潟に目を向け、かつての葦や泥の循環のサイクルに寄り添う場の展開を描いている。それを成立させるための建築的提案についてはやや安易な印象を受けるものの、失われた「生業の場」をその土地・自然と人間の関わり方を含めて建築的提案を軸として捉え直し、その利活用・管理といった時間軸の中に「コモンズの場」の発生を見るという発想は示唆的である。

（森本英裕）

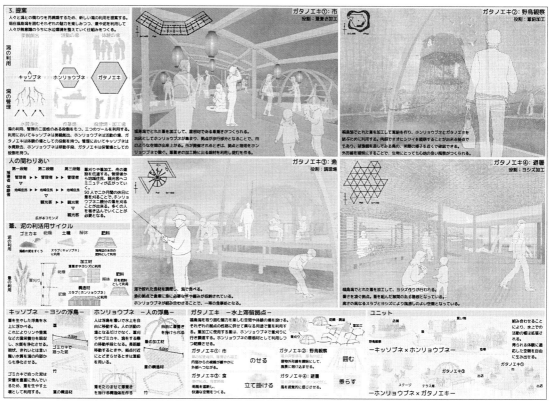

見えない輪郭を漉き還す母屋と離れ
－開くことによる文化と暮らしの連関の再考－

支部入選

中嶋海成　牧野胡太朗
森田慶助　吉成智紀
福井大学

CONCEPT

私たちは福井県が世界に誇る越前和紙に着目した。越前和紙は資本主義という大きな循環の中で衰退を続けている。暮らしの中の小さな循環に目を向けコモンズを再構築し、和紙で暮らしが循環するきっかけを作り出す。工程の始まりと終わりに着目し、改修によって性質の異なる母屋と離れを設計した。1つの工程を何度も繰り返し、1枚の和紙が漉き上がるように母屋と離れを行き来する暮らしがこの集落の文化、自然の循環の中に確かな自分の存在を認識できる建築を提案する。

支部講評

越前和紙の産地として古くから栄えてきた集落における、紙漉き職人の休憩所などの再構築に挑んでいる。和紙製造の機械化による工場内での作業の完結が、集落内で和紙をつくることを見えにくくしていること、また後継者不足や高齢化による空き家の増加などによる、閉鎖性や閉塞感を打ち破るための提案である。そのために、休憩所を集落に対して、積極的に開いた造りとして、和紙を製造するための道具やスケールを取り込むだけでなく、コモンズとしての休憩所に、より積極的で集合の場であるような教育的な意味を埋め込んでいることを評価したい。過去から紡いできた和紙という文化を、より集落へと内向きに開いていくことで、文化を守ろうとしている。

（清水俊貴）

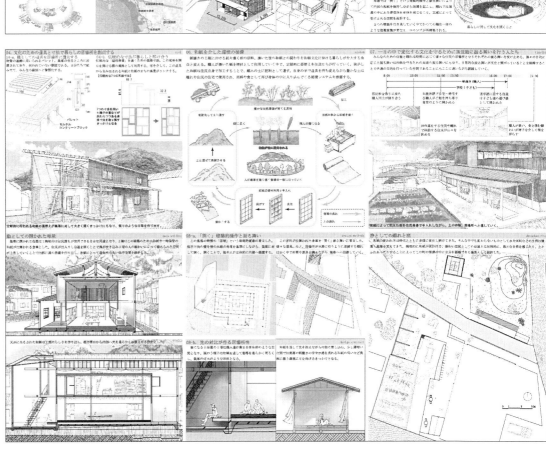

泉北再興プロジェクト
~旧村・ニュータウン・資源を結ぶ3つの建築~

支部入選

田中直輝　　長畑真奈　凪景太
大阪工業大学

CONCEPT

丘陵地を切り開いてできた泉北ニュータウンは、豊かな自然環境や旧村が残る。旧村ではかつてコモンズと連関した営みがあったが、開発が進むとともに減少し、ニュータウンの新興住宅群は環境と無関係に存在する。コモンズと連関した豊かな暮らしが失われてしまっているこの町にコモンズと暮らしの関係性を再構築する必要がある。そこで各エリアに応じた資源への架け橋となる建築を挿入することで街に人と資源の循環を促す。

支部講評

高度経済成長期に生まれ、高齢化・空き家増加に面しているニュータウンと、その近傍にある旧村・里山の共生共存を軸に、そこにある資源また周辺の大学圏=若者を絡めたコモンズを再構築することで、泉北のまちのつながりを狙った作品。通常ならば施設を集約整備し、そこに人を呼び込む（集める）ことでコモンズとしての賑わいを狙う手法に向かいがちだが、本作品ではあえて施設をニュータウン、旧村、里山のSITE（サイト）に分けることで、そこを資源と人が繋げる、循環させる考え方が目を引いた。それぞれの施設計画では、既存建物や計画場所の特性をよく理解し、魅力的な空間とその使い方を提案している。人・空間だけでなく時間も繋げた良作品。

（臼井明夫）

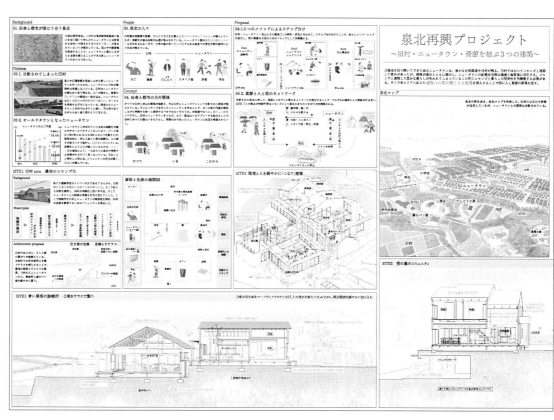

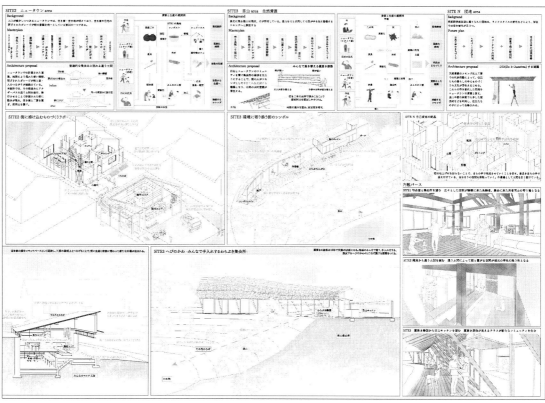

拠り合いの透き間
～密集市街地における街の更新方法の提案～

三島嶺哉
原田幸奈
愛知工業大学

支部入選

CONCEPT

大阪市生野区は、全国的にも大規模な密集市街地が形成されている。この地域は現在、整備事業が行われており、徐々に街のかたちが移り変わっていく。
その移り変わりは、安全性と利便性を求めるうえでは正しいが、一方で、かつて居住者が当たり前に作り上げていた、暮らしを共有する空間を破壊しているのではないだろうか。
かつて、密集市街地で形成されていた営みを再構築するための、新たな街の更新方法を提案する。

支部講評

大阪市生野区の密集市街地を敷地に、新築住宅に求められるセットバックによって生まれる隙間を、地域の空間的資源として生かす案である。一般的には前面道路と住宅の間に生じ、都市に対して住宅を閉ざしてしまう空間を裏手に回すことで、住宅と住宅をつなぐ路地を生成し、ジェイコブズ的にいえば多様な曲がり角を増やすことにより、住宅間の隙間をコモンズとして位置付けている。住民の私的領域を段階的に都市に開いていくことで、じめじめとした住宅地の裏手に暮らしの息遣いを吹き込もうとするプロセスにも好感がもてる。隣接する住宅との関係性はさまざまであろうから、敷地にあわせた、より大胆な建築的介入があっても面白い。

（山崎泰寛）

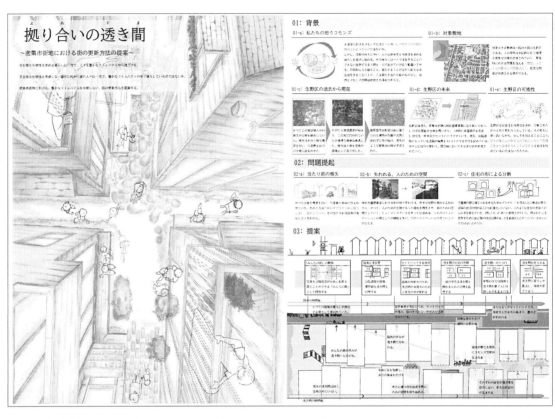

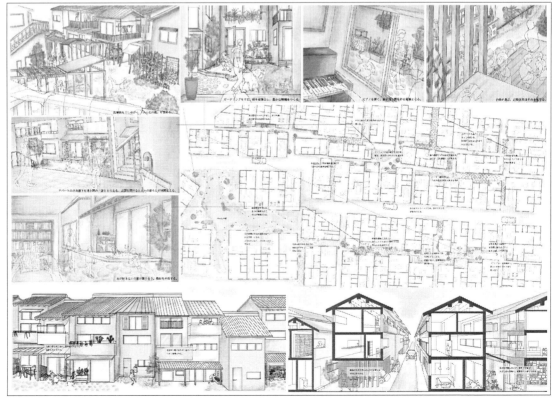

82

支部入選

火蔵
－暮らしと商いを治癒するもの－

岩井直哉　　　　堤紅葉
石田龍之介
関西大学

CONCEPT

丸五市場は戦後の商いの雰囲気を有する市場であるが、火気の使用制限により店舗が参入できずシャッター街化している現状である。そんな丸五市場を煙突を含む火廻り設計、制度設計を行うことで火気を使用可能にした市場の再興を提案する。煙突を中心とした、かつての丸五市場に存在していた職住一体のコモンズが、まちに灯されるように再構築される。

支部講評

震災後の再開発で無機質な建物が建ち並ぶ新長田に残る、かつての人間サイズのスケールが残った丸五市場を再生させる提案である。火をコモンズ再構築のための資源と捉え、防火的な検討も取り込みながら火の利用を可能とし、煙突を挿入することで火の利用を可視化し新たなシンボルとしている。本来は内側を守る蔵を、外側を守るために利用している点もユニークである。それぞれの図表現についても、設計者の意図や実現したい空間のイメージがストレートに読み取れるものとなっている。空間の提案だけでなく、運営方法の提案を含めているところも高く評価できる。

（鈴木広隆）

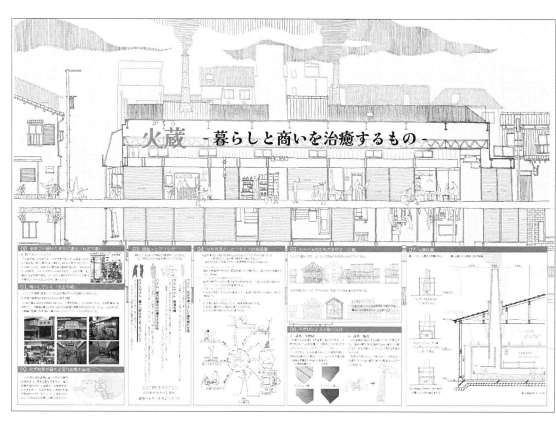

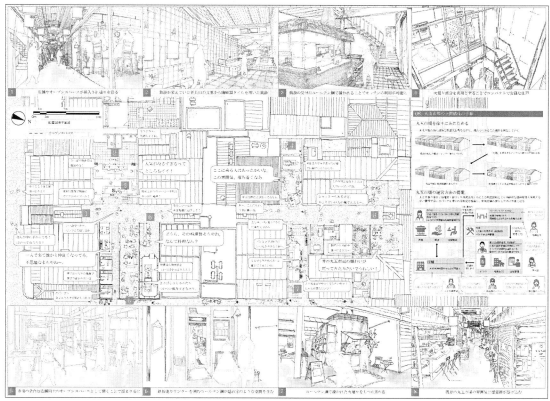

三津屋暮らしのすゝめ

支部入選

假屋心太　妹尾隆誠　岡本晃輔
芦澤竜一　山中侑汰

滋賀県立大学

CONCEPT

集落に住みながら活動することで得られる気付きがあった。それは町民たちの暮らしの中に見られる特有の景である。私たちは集落にある全てのモノを資源と捉え、暮らしながら集落と関わる中で見つけた特有の生活景を頼りにものづくりの場を提案する。伝え継がれる創意工夫は地域の形式を守ると同時に「モノづくり」を媒介とした資源の所有意識へと繋がる。

支部講評

滋賀県三津屋町を対象とし、地区の自然資源を活用して再生を試みる提案である。ポテンシャルについて十分な調査が行われている。そこで抽出したさまざまなコトやモノを活用するという方向に対し、散漫な提案になるのではないかと感じたが、再生の拠点となるいくつかの施設の設計案が示され、どのようにコトやモノを繋ぎあわせていくか具体的な案が説明されている。ソフト面だけでなく、それぞれの施設の建築も、材料等に地区のポテンシャルを活かした魅力的な空間となっている。図表現も、実現したい空間のイメージに寄り添ったものである。

（鈴木広隆）

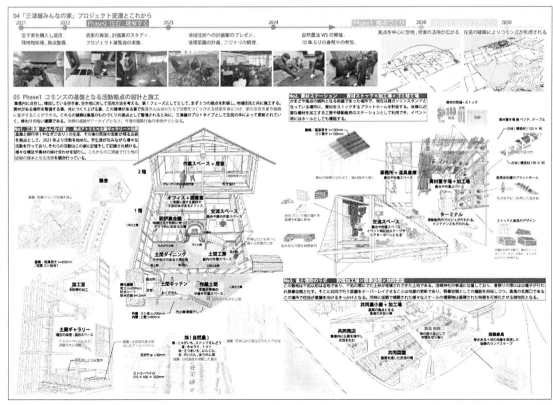

日野町 PROJECT
―スケールの小さなものと出来事を通じた地域と人の繋がりの在り方―

支部入選

大石親良　宇都宮慶太
川﨑爽　　藤原はづき
滋賀県立大学

CONCEPT

日野町 PROJECT は、「滋賀県立大学陶器浩一研究室」と「京都芸術大学ウルトラプロジェクト」が協同で 2022 年から行っている活動である。現在は、日野町の住民の方々やいくつかの日野で活動している団体も加わり活動を継続している。活動の中で生まれる日野の方々との会話や人間関係が建築プロセスに少なからず影響を与えている。こうした要素を柔軟に受け入れながら建築の在り方を追求し、自らで実践しながら空間、建築を前へと進めていく。

支部講評

2022 年から続く滋賀県日野町を対象としたまちづくり活動をベースに、スケールの小さなモノとデキゴトによる人のつながりをベースにした新しい試みを活用した交流の場を創ることを目指した提案である。一定のボリュームをもつプロジェクトの延長線上にある提案であり、さまざまなポテンシャルを有効に活用する提案となっている。改修計画で示された空間も、設計者の意図に合った実用的なものとなっている。対象地区と調和しながら、より建築的にインパクトの強いハードの挿入が行われていると、さらに魅力的な提案になったのではないかと思われる。

（鈴木広隆）

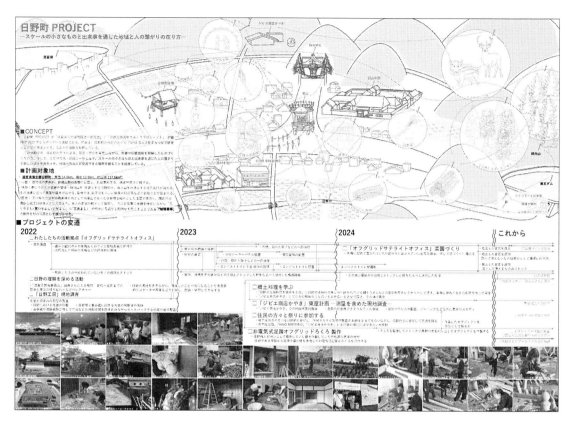

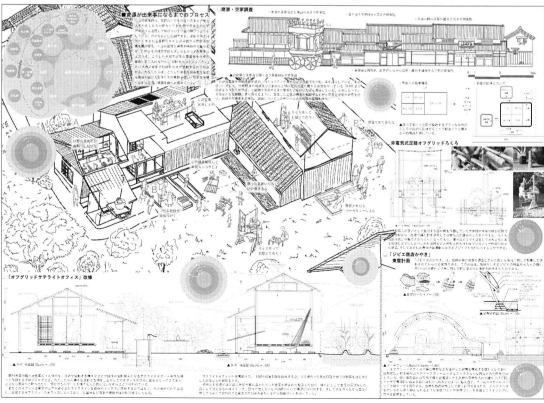

神の島、沖島とともに生きる
～自然と共に生きた、暮らしの継承と再構築～

芦澤竜一　　　和田健志　　　清水翔真
角田亮輔　　　廣田蒼　　　　小林愛実
滋賀県立大学

CONCEPT

古来人々は航海の祈願として瀛津島神社を建立したことで、この地を「神の島」と畏れた。湖上の限られた土地や資源、親密な共同体が生む、かつての沖島の暮らしは、琵琶湖と山、岩などの自然と密接に関わり合い、今に残る独特な文化を創生した。私たちが島に身体を投じ、活動の中で島民と出会い、島の資源や文化を見つけ、建築により再定着・可視化し、実際にコモンズの再構築を目指してきた。再発見した素材から、島全体に存在するコモンズを建築により可視化し、アクセスできるようにすることで「沖島とともに生きる環境」を再構築する。

支部講評

琵琶湖上の孤島・沖島で古来より営まれてきた人々の暮らしと環境の連関に注目し、生業と文化、さらにはその前提となる自然を資源として読み替える試みである。近代化の中で失われた資源を「見えづらくなった」コモンズと位置付け、島内に会所や工房など建築的な介入を施すことで可視化する、実践的な提案だと言えよう。特に、朽ちた素材やゴミのような廃棄物を再活用するアイデアは、それらがもろく崩れやすかったり、あるいは日常的には忌避されるネガティブな性質の資源だからこそ、応募者らの継続的な関わりが求められるに違いない。建築的営為が竣工という瞬間的な達成とは無関係に、時間をかけ新しいコモンズとして息づく姿を期待したい。

（山崎泰寛）

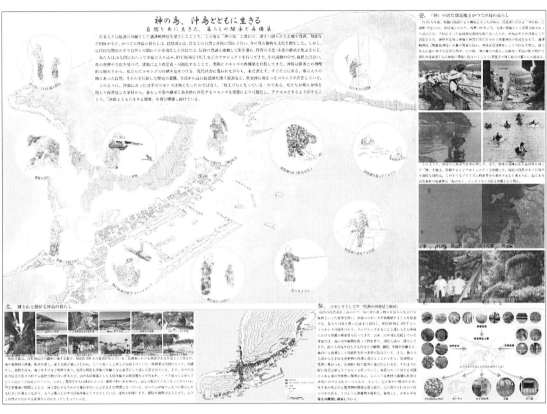

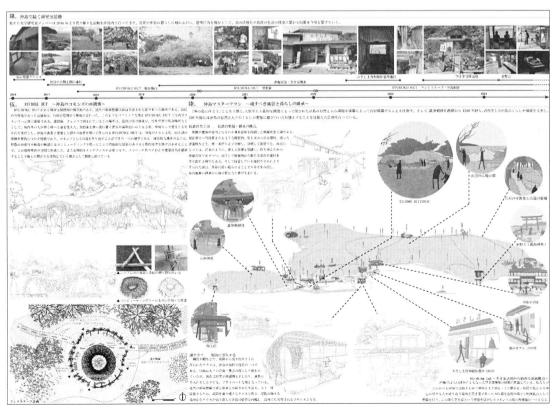

支部入選

世界を繋ぐ大空と1羽の折り鶴

隱崎嶺　　　嶋颯斗　　　谷卓思
愛野礼央　　塚村遼也　　松岡達哉
広島大学

CONCEPT

あの日、目の眩むような閃光が人と街を壊した。その光は黒い雫となって降り注ぎ、また人と街を壊した「8月6日」。あれから80年、同じ空の下に私たちはいる。世界中のすべての夕焼け経験者へ。これは新たに建築を建てる提案ではない。たった1羽の折り鶴が空高く飛び上がったとき、世界を繋ぐ大きな空を狂おしいほどに染め上げる。そして、世界に架かった真っ赤な屋根は「過去・現在・未来」の街並みと人々の暮らしを魅力的に照らし出すだろう。

支部講評

地球規模の大きなビジョンを美しいプレゼンテーションで提示している。コモンズを考える時に、近い場所にいる人たちのコミュニティと考えてしまうが、ここでは、平和を求めて折り鶴をもち寄る世界中の人をコモンズとして定義している。夕焼け空をいつもより少しだけ赤く染めるということを、人間が自然に働きかけて空間をつくる「建築」とみなすこともできるだろう。風船につけられたカンナの花の種が世界中に広がるという提案もさらに大きなビジョンを感じさせる。風船をつくる素材や方法、エアロゾルが夕焼けを赤くする効果、広報や運営システムなどを詳細に検討し、飛行実験を行うなど、現実性を真摯に追求した提案となっている。

（土井一秀）

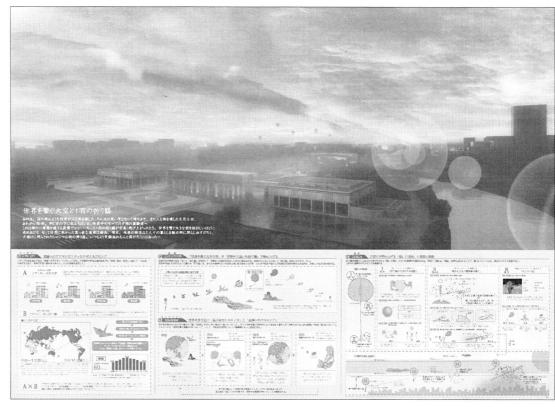

廃材ステーションからつながる手づくりのアソビバ

宮本明輝　三上泰生　岩坪誠人
坂野弘江　桂田優飛
近畿大学

CONCEPT

水呑町にはまちを形成する手づくりの小屋や塀が見られる。余って使われなくなった材料を持ちより、子どもたちが地域の人に使い方を教わる「廃材ステーション」をまちに設置する。子どもたちがその廃材を活用して手作りのアソビバを作ることで、遊び方や場所に対して自分だけの価値を見つけ、まちの魅力に気が付く些細なきっかけとなる。遊び場が増えるにつれて、まちに対する愛着が次第に可視化されていき、ものづくりを通した愛着のある手作りのまちなみとして風景が形成されていく。

支部講評

高齢層の居住エリアと若年層の居住エリアの間の分断、そして子どもたちの「アソビバ」の縮小は国内どこにでもある地域課題であるが、水呑町の住民たちの特性や通学路周辺の環境を子細に調査し、身近にある「廃材」「空き家・空き地」と掛け合わせて、これまで日常見てきた場所を楽しげな「アソビバ」に変換している。そして、子どもたちの成長に伴って「アソビバ」を拡張していくプロセスと地域への愛着を醸成するプロセスとがこの町ならではの「コモンズの再構成」として説得力ある表現で描かれている。しかも、ひとつひとつの「アソビバ」が実現性・独創性とも高く、こんな「アソビバ」が日本全国に広がることを期待させる提案である。

（清水里司）

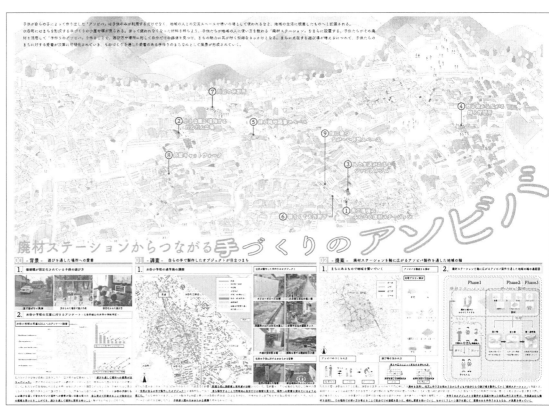

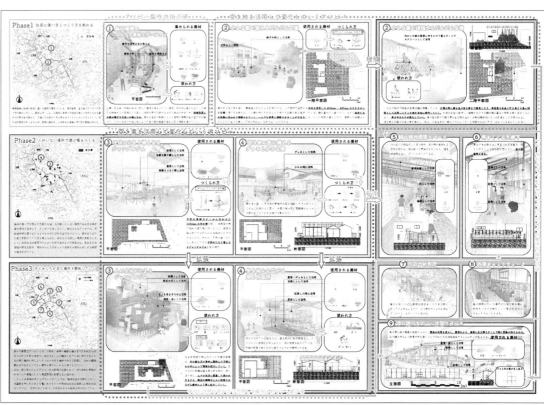

支部入選

ひとつ屋根の下
路畑のあるウラ通りをまちの共有財産に再構築するための建築的介入

堀部孔太郎　岸川亮介
田中万尋
近畿大学

CONCEPT

2軒隣の住民と話したことがない人がいるように、住民の関係性が希薄だと言える現代の工業的な新興住宅街。主要モビリティの廃線により、ウラの通りがオモテになるという動線の変化を背景に、路畑をきっかけとした建築的介入として、通りにひとつ屋根のしたを提案する。

このひとつ屋根のしたは、畑で植物の成長を支える支柱のように、住宅街の希薄な関係性を再構築し、新しいまちの未来を住民みんなでつくるための支えになる。

支部講評

造成により土地改変を加えた郊外の住宅地には、否応なしに擁壁が立ち上がり、風景を支配する。この案は、擁壁の足元に溢れ出た「路畑」に注目したところが特筆すべき秀作である。人工的に植えられたもの、路面下から生えてきた雑草もあり、植物という生命体によって土と空がつながる貴重な場所でもあろう。人は人工物で塗り固められた中の一筋の場所に天と地を繋ぐ空気や水や熱の流れを直感的に感じ取るであろう。そしてそこに人と人の共通感覚が生まれるであろう。惜しむらくは、ハードな構造体に頼らず、その植生を詳細に調査し、土中環境も含めた「路畑」環境の再編を通じたコモンズの形成にまで拡張された案になっていたらと思う。

（向山徹）

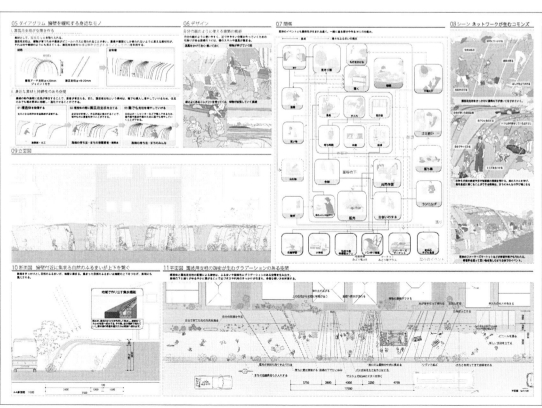

支部入選

海を渉く
－介入者と介在者の共存による動的な海の再構築－

岩﨑匠　　重光真広
永谷峻　　土屋優希
近畿大学

CONCEPT

尾道は静的な海に介入し動的な海に変えることが原風景だったが、近代化の影響で生活と海が分断され、動的な海が失われつつある。海上地盤を設けそこで海を資源として共有することで、他者や海との相互関係が生まれ共同体が形成される。これを尾道におけるコモンズと定義する。海洋生物由来のゴミを利用した地盤の維持管理システムや海洋環境の向上を図る工夫が、海を動的に変え、尾道のコモンズとして再構築する。

支部講評

穏やかな瀬戸内の波の移ろいを眺める人々は、言葉は交わさずとも共有された空間を過ごす隣人となる。この作品は、尾道の海がそのような場となることを願い構築された美しい秀作である。波の動きにあわせて動くタイル面は、隣人の動きとも呼応する。鳥の羽ばたきや、魚体の動きさえも、このタイル面の動きと共振しているようだ。そこには介在者や介入者などの概念は無となり、そのような抽象的言語は無用なのではないかと思わせるものがある。住人・観光客・介在者・介入者・生き物すべてが、同じ時間をこの詩的空間で、あるいは遠方からその揺らぎを眺めながら、それぞれの時間を無意識下で過ごすことが、この案におけるコモンズなのではと思う。

（向山徹）

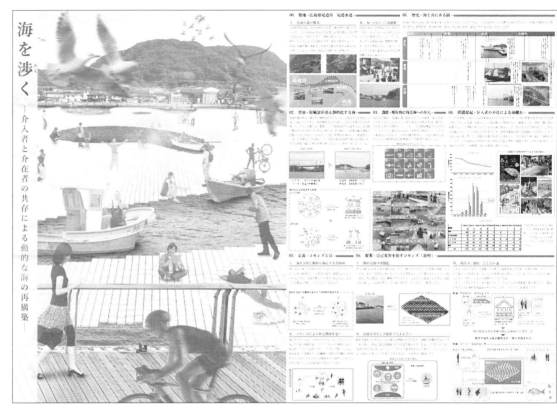

青の群像

支部入選

篠田竜之介
小幡咲季

広島大学

CONCEPT

コモンズによる地方の活性化を考える。敷地は山口県萩市。かつてここは多くの人を誘致する観光文化都市であった。今なお古くからの町並みや豊かな風景が残っているものの、多くの地方都市のように衰退のなかにある。萩市を横断するように流れる疏水、藍場川を資源として藍染めによるささやかな民藝を行うことのできる建築を提案する。藍染めを定着させる骨格としての建築はやがて住民たちと呼応し、彼らの意識を変えていく。自分たちのまちに自覚的になっていく住民たちの共作によって、まちは青に染まっていく。

支部講評

城下町萩において、かつて家屋と通りの中間領域として機能していた水路に着目して、ここを、武家屋敷の「モン」をモチーフにしながら、藍染めによるファブリックがたなびくコモンとしての中間領域へと再生する提案である。蓼藍の栽培、それによる藍染めが、こうしたコモン再生の端緒となり得るかどうかについては、意見が分かれるかもしれない。しかし、身体によるふるまいにつながる室礼や中間領域といったなじみ深い建築的方法を、既存のまち並みに挿入し、歴史的景観保存地区外から保存地区内へと水路に沿って滲ませて、城下町の風景を更新しながら、分断されたまちの再編をはかる方法へと展開する構想力は、注目に値するだろう。

（河田智成）

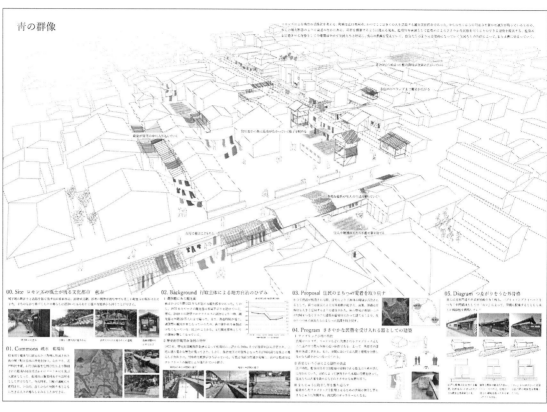

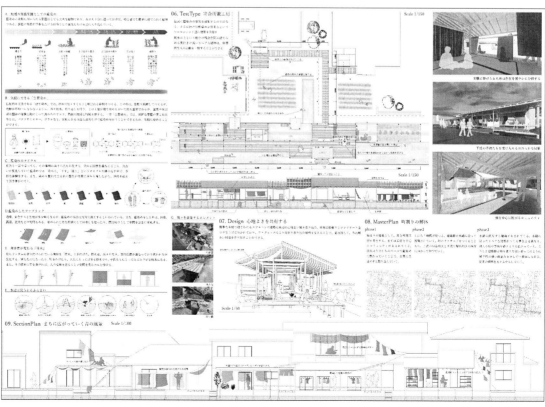

「空き」に竹を編む。
~日常の行為にみつける人の繋がり~

深井泰幸　　鹿又悠雅
小林洸琉
日本大学

支部入選

CONCEPT

我々は、いつの間にか個人と公共での完結した暮らしが肥大化し、異常なエネルギーの消費を当たり前に過ごしている。

それらの問題は、日常の生活を追求せず、生活の根底に起こっていることに関心を持たない「空白」の状態に放っていることにある。

そこで、日常の行為から人や資源と触れ合う場をみつけ、手を加えることで、人々は暮らす環境を知り、能動的な共助集落が育まれると考える。

沖の島・弘瀬集落では、今まさに近隣住民との繋がりが断絶されようとしている。

「空き家」を融解するように竹を編み、川のように石垣を超えて流れゆく新しい集落のコモンズを構築する。

支部講評

島特有の海岸線からの急峻な地形を有する集落を対象として、空き家問題とコモンズを結びつけた提案である。特徴的な地形により、常時からごみ捨ての際に共有空間を利用していることに着目し、ごみ処理を起点としたコモンズの構築を試みている。

地域の空き家に、地域材である竹を活用した減築を施し、コモンへと解体することで、点在する空き家が徐々に地域に組み込まれていくことを計画している。完成されたコモンズではなく、そこに向けた時空間的なグラデーションを、種々の地域問題解決に向けた一つのプロトコルとして評価した。

一方で、共助集落の暮らしとして理想的な地域内循環を描いているが、そこに至るまでの本提案の影響や貢献についての言及がほしかった。

（鈴木達也）

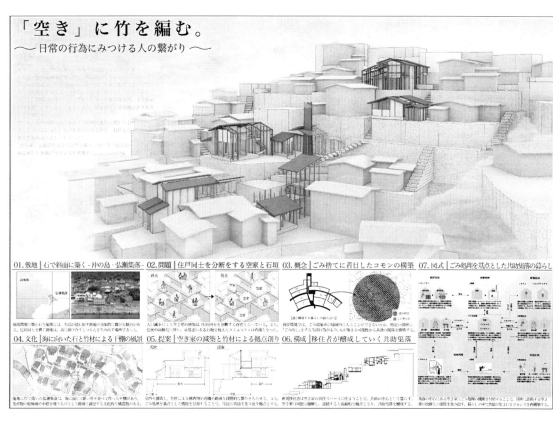

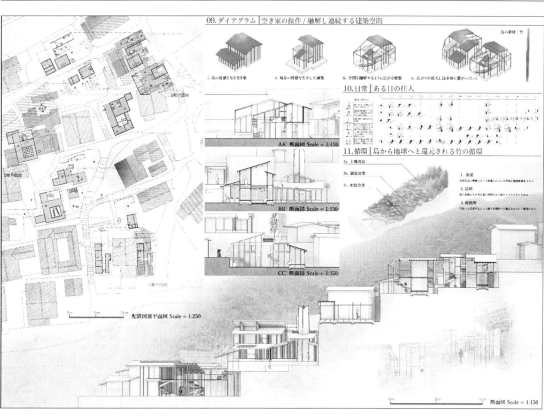

支部入選

棚田を醸す
－六次産業化を踏まえた新たなフードスケープの提案－

福地海都
古賀航成

徳島大学

CONCEPT

棚田を生かした多品種少量生産の集落では、担い手不足や所有者不明の耕作放棄地が問題である。これにより風景が損なわれ、農産物や土壌にも悪影響が出ている。厳しい食品衛生法規制で地域の味も消える懸念があるが、棚田には風景美化や土壌改善、地滑り防止、生態系保護など多くの恩恵がある。棚田の再編で新たなフードスケープとコミュニティ風景を創り、多品種少量生産に地域住民や観光客を巻き込むことで、担い手育成と伝統農業の持続可能性を向上させる。

支部講評

山間集落が多く残る徳島県の棚田の風景を再構築する提案である。棚田の風景の中に、用途の違った複数の建物が点在することにより、フードスケープとコミュニティ風景を生み出す光景は、魅力的で楽しさが伝わる。このような共感の輪を増やす場所の構築が、今後の担い手育成と伝統農業の持続性につながるだろう。「棚田×建築」としている中で、素材や新たな工法の提案がみられると、次のステップとして面白い。
人と農業を結ぶ新たな空間づくりに、新しいコモンズの再構築として期待したい。

（福田頼人）

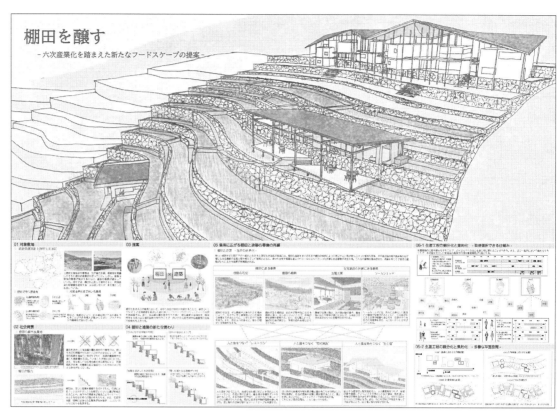

支部入選

和紙東屋のあるまち
~小学生を主体とした地域資源継承のカタチ~

平松凌太朗
渡邉純平
日本大学

CONCEPT

地域資源である「手漉き和紙」と町に不足している地域交流の場を補う「和紙東屋」を提案する。手漉き和紙は少子高齢化による担い手不足で衰退しており、かつて和紙産業で栄えた高知県吾川郡いの町でも和紙工房は10店舗に減少。歴史的には町全体で和紙を生産・配送し「和紙コモンズ」を形成していたが、現在は地域交流の場が不足し、コミュニティが希薄になっている。そこで、「和紙東屋」を設け、和紙を用い、程よく内部化された空間に人々の滞留をもたらし、住民と観光客の交流を促進させる。また、地域の小学生が東屋を共同運営し、成長とともに和紙文化を次世代に継承することに加え、各東屋を繋ぐ役割を果たすことで、「和紙コモンズ」を再構築する。

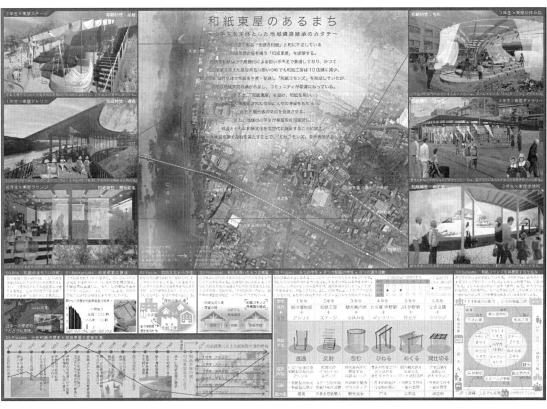

支部講評

既存店舗の改修から土木的要素まで幅広く検討し、緻密にプログラムを掛け合わせ、適切な立地選定のもとデザインとして昇華させている。

欲を言えば一年時から六年生になるまで関わった小学生が成長し、東屋のデザインにどんな影響をもたらすか継続・発展性に言及できればさらによかったし、二枚目で3, 4, 5年生の説明が欠落しているのは残念。模式図にも説明文があり実はデータが飛んでいる？ と支部審査会では意見が分かれた点もある。

しかしながら土佐和紙で栄えた証として商家や蔵が残り、3年に一度の国際的な版画展を開催し、ポテンシャルを維持する現状にこの提案が噛み合わされば町が元気になる様子を容易に想像できたところを評価したい。

（東哲也）

支部入選

黄金屋
−沖縄伊是名で現実的に地域共創を考える−

赤石健太

日本大学

CONCEPT

沖縄離島の集落で、新規住民を見据えた、公共施設のコモンズを再構築する計画。技術進歩で民家の耐久性が向上したが、古き良き文化や建築と環境の調和は薄くなった。雨漏りする琉球民家の調査で構法と劣化を理解し、実際の改修を考える。空き家の廃材を貯材し、民家周りの更地に構法と合わせ新築する。民家が空き家になるため、それらを一体化させることで、重要文化財よりも身近な琉球空間体験施設となり、新たな魅力を創り出す。

支部講評

沖縄北方の離島集落に見られる空き家と空き地を資源とし、ユイマール（相互扶助）精神をもった地元住民や職人などによって琉球空間体験施設を創り上げる計画である。改修民家の調査を通じて得たであろう琉球民家に関する情報が、その詳細な断面図や改修を説明するダイヤグラムなどに存分に表現されている。

本作品は、形態デザイン的な新規性があまり感じられない代わりに、沖縄離島地域文化に根差した現実性の高い計画案である。そのきめ細やかな図面表現からも現実性の高さが伝わってくるが、特にユイマール精神によって琉球民家構法の施設を建設するという提案内容が、地域性あるコモンズ構築のリアリティをより一層高めていると感じた。

（内田貴久）

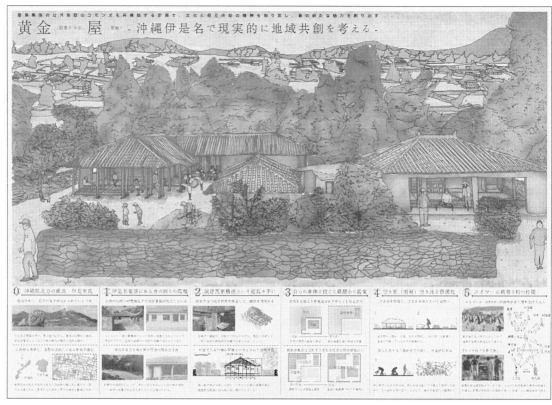

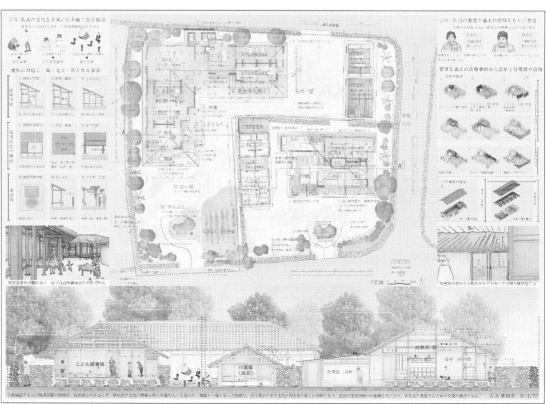

支部入選

参道を育てる
―コンポストでつくるランドスケープの提案―

川口歩美　　松本健成
田中樹里

熊本大学

CONCEPT

現在、多くの家庭でごみを分別して資源化を行っているが、生ごみは捨てるだけで、資源化できていない現状がある。本提案では、回収ごみの長時間放置が景観上問題視される藤崎八旛宮参道において、コンポストを共とし基盤とすることで、コモンズの再構築を試みる。自らの手で作るコンポストは、ごみの資源化をしながら豊かな活動をもたらし、景観を整えていく。人々にとって、ごみの資源化や参道の手入れが日常のふるまいとなり、参道を育てていく。

支部講評

家庭から出る生ゴミや神社の参道に積もる落ち葉を堆肥化する6種類のコンポストを点在させ、参道をコモンズとして再構築しようとする提案である。ゴミの資源化というアクションによって参道を共有地化し、住民が主体的に街の風景をつくり育てていくアイデアが面白い。住宅地や都市部の街路にも適用できそうなアイデアである。ただ、コンポストの提案が単体で完結する個別の装置に留まっているところが惜しい。例えば、植栽帯や境界塀など連続する沿道要素と絡めて線的・面的な展開までデザインされると、さらに共感を得る提案になったかもしれない。

（鷹野敦）

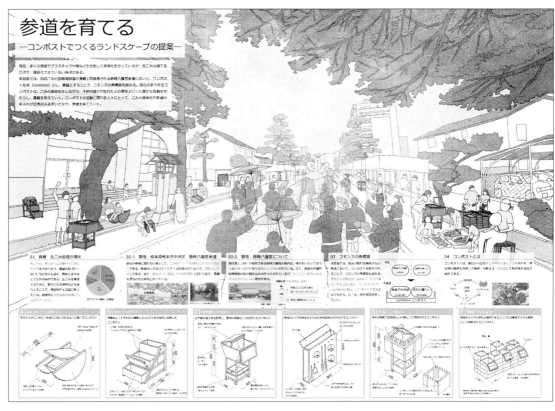

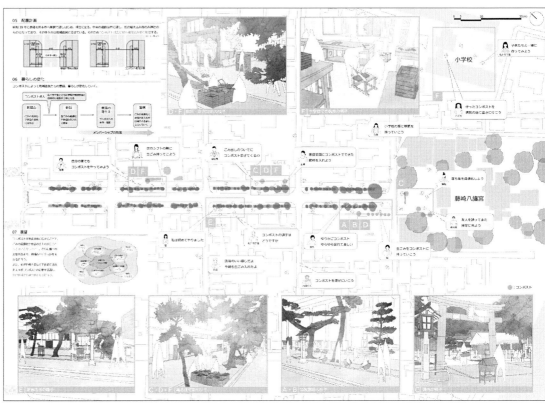

支部入選

子飼の架け橋
学生と商店街が育む道のり

川端里穂　　丸野健太郎
塩谷葵

熊本大学

CONCEPT

商店街には地域の生活や特徴が色濃く反映される。対象敷地の子飼商店街はかつて学生街の商店街として繁栄していた。学生の買い物は商店街で行われていたが、いつしか大型スーパーや通信販売の発達により商店街から学生が離れていき、現在は中心市街地への近道として利用されることが多くなった。本提案では商店街全体に橋をかけ、通り抜け性を確保しつつ、橋を活かした活動の場を整え、これからの学生街としての商店街を提案する。

支部講評

商店街の衰退に対する問題提起・解決に取り組む案は多々あるが、この案は2層にすることで上部階に学生のための動線・活動スペースという新しい役割を加えながらも、既存の商店街の機能は1階部分に残される、という点で現実性が感じられた案であった。商売という視点では2階は1階よりデメリットになるためそこをうまく活用した点、また、学生の活動の場を上部にもってくることで、若者の自転車や歩行のスピード感と下階の年配や子連れなどの動線の区分けをしながら、声や雰囲気といった賑わいは互いに共有できるという点が評価できる。

（西岡梨夏）

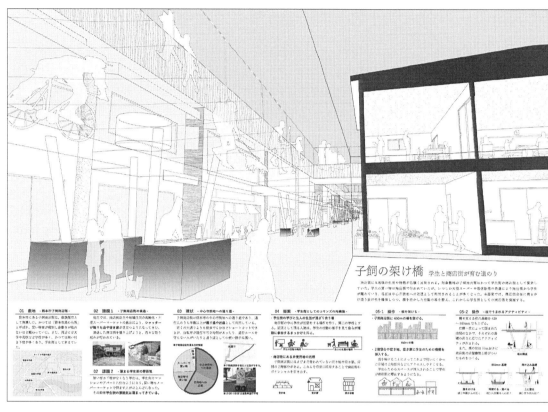

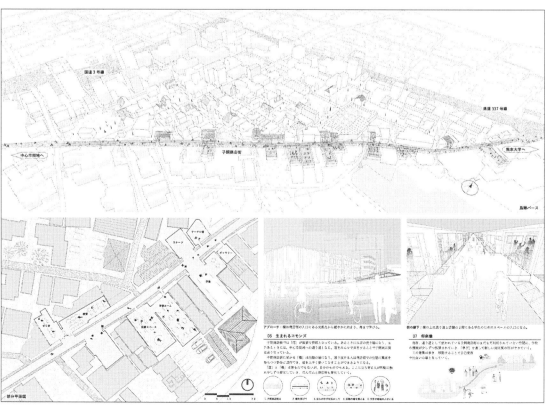

支部入選

両生に滲む学舎

矢野泉和

九州大学

CONCEPT

教育環境において、先進的な学びのために都心へ向かう者が多い。しかし、地方都市には特有の自然環境が作り出す「コモンズ」がある。それは私たちが本能的に学ぶべき、自然形態の人間的形の変容の表れではないか。本提案では干満差でのコモンズから生まれる人間的な空間と生物的な空間を、教育複合施設として融合する。地域環境を人間自身の財産ではなく、水性生物と私たちがお互いに譲歩し合う、新たな「コモンズ」のプロトタイプとして提案する。

支部講評

自然環境がつくり出す人と自然との関わり方から生まれる「コモンズ」に着目した提案である。有明海沿岸で見られる自然の移ろいである干満差を地方都市特有の資源と捉え、建築的提案に昇華している点が評価できる。自然と人工部分の調和を図った建築の構成についても完成度が高い。オイスターシップ制度による仲間の参加方法の提案もあり、コモンズ形成のイメージが伝わってくる。建築的提案部分もよく練られた案だが、海と人間、そして海生生物の距離を身近にするための「海生建築要素」として提案されている海藻建材の可能性については実現性を含めたさらなる検討の余地がある。

（堀英祐）

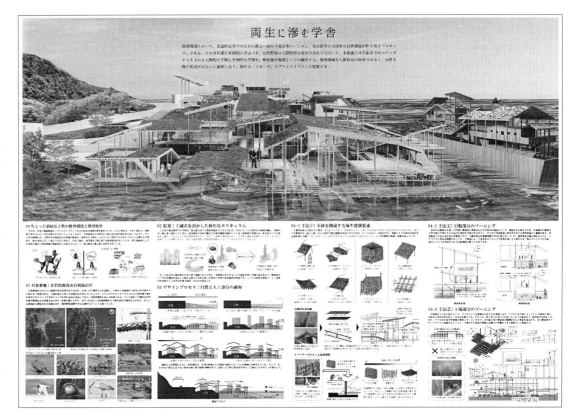

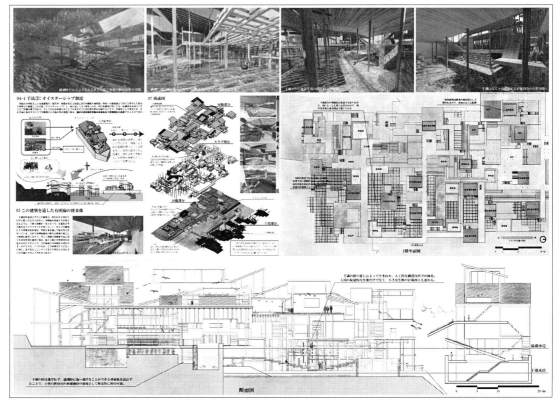

支部入選

オフィスビルの「もやい直し」
―ごみを資源としたコモンズ型オフィスビルの提案―

向松あゆみ　　塩田一光
田中瑞記
熊本大学

CONCEPT

都市における新しい「コモンズ型オフィスビル」の提案である。日常で生じる「ごみ」を資源に、ビルの躯体を残してごみ分別チューブと再資源化プラントを挿入し、オフィスと融合させる。人々は仕事の傍ら分担し合いながら協力してごみの再資源化を行うことで、各々の役割に責任を持ち、快適な環境を自らの手で創っていく。生産効率だけを求めた既存オフィスの姿を一新し、これまで希薄な関係であった人々同士の「もやい直し」が広がっていく。

支部講評

複数のオフィスビルにさまざまな種類のゴミ処理プラントを挿入し、オフィス街全体で大きなゴミ再資源化プラントを成立させる計画である。既存ビル躯体に挿入したプラントと残った空間に自由にレイアウトされたオフィス空間という計画案の魅力が、その図面表現から感じ取れる作品である。
この作品は、プラント施設の断面構成がイメージイラスト的で現実性に疑問があるうえ、ゴミ再資源化プラントはコモンズなのか？　といった懸念も感じられた。しかし、それらを上回るアイデアの新規性とシンプルでわかりやすいダイヤグラム、その空間の魅力を感じさせる断面図表現のほうを高く評価した。

（内田貴久）

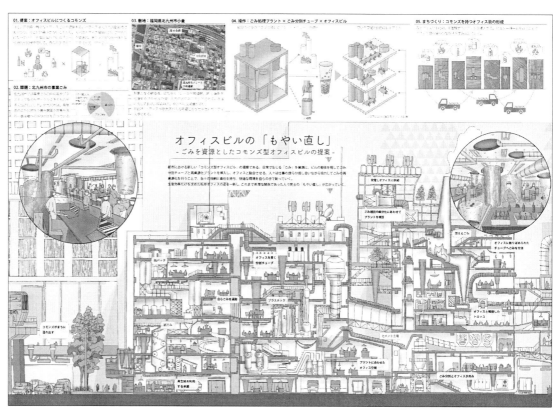

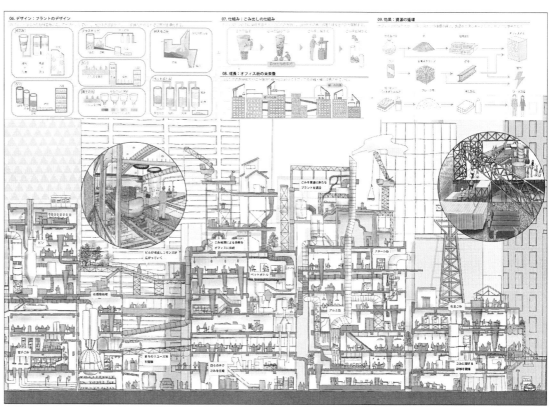

支部入選

インフラユニットによる漁村コモンズの再構築
―地域に愛される風景の発展的継承―

一ノ瀬早紀　　谷畑友萌　　今村孔輝

熊本大学

CONCEPT

天草・﨑津集落に残るトウヤやカケといった漁村ならではの空間は、漁業の衰退とともに生活から切り離され、観光の場としてハリボテ的に保存されている。

本提案では、トウヤ・カケを1ユニットとし、インフラとかけ合わせて再構築する。

新たなトウヤ・カケ空間は、地域に愛される共有の資源として再び生活領域に組み込まれ、時代や暮らしの変化とともに発展的に後世へ継承されていく枠組み＝コモンズを作り出す。

支部講評

天草におけるトウヤやカケといったコモンズ空間を活かした提案は他にもみられたが、この提案は、そうしたコモンズを、新たにインフラとしてその空間特性を生かしながら再構築していこうという意気込みが見られる提案である。現代的な水インフラとして新たな機能・価値を創出することが、結果的にコモンズの維持管理につながっていく点で本質的であり評価された。

（高取千佳）

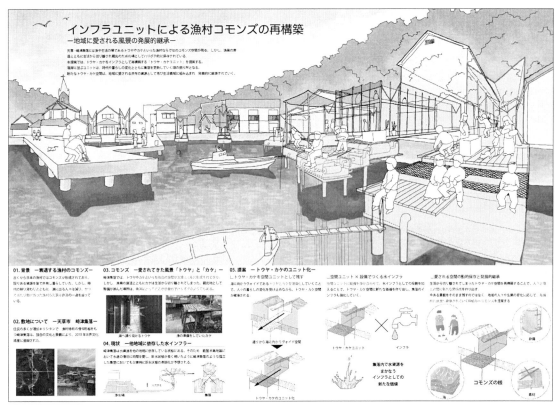

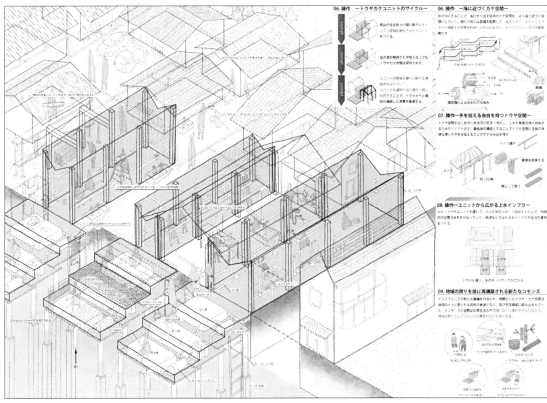

支部入選

足元の水辺と対話する
~「クリーク体験」を通した人とクリークとの関係の再構築~

甲斐健斗　古川隼世
香川輝紀　山田啓介
佐賀大学

CONCEPT

佐賀市には、張り巡らされた「クリーク」があり、かつて人々の生活に密接に関わっていた。しかし、戦後の生活様式の変化により関係は薄れた。もう一度「クリーク」に目をむけコミュニティを形成することで、観光資源として魅力になるのではないだろうか。佐賀市で行われている「ごみくい」を中心とした「体験」を通じて佐賀の人々とクリークとの関係を再構築し、新しい地域交流の在り方を創造する。

支部講評

ハードである建築的な装置と、ソフト面の人の活動の両面からアプローチしており、実際に使われているイメージが湧く提案である。表現においても文字と図案・スケッチのバランスがよく、柔らかいタッチの表現と、項目分けされたわかりやすい内容説明によって伝えたいことがわかりやすく伝わる表現となっている。提案されている建築も、住・農・商という用途地域ごとにあわせて可変する応用力をもっており、既存の空き地などに組み込めそうな小さめの規模感や強すぎない建築要素によって、無理なく地域に溶け込む様が想像できる。

（西岡梨夏）

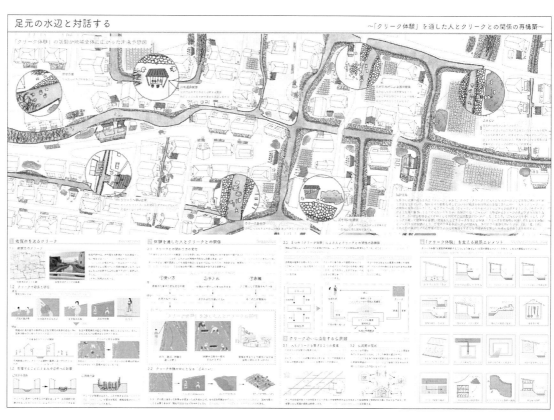

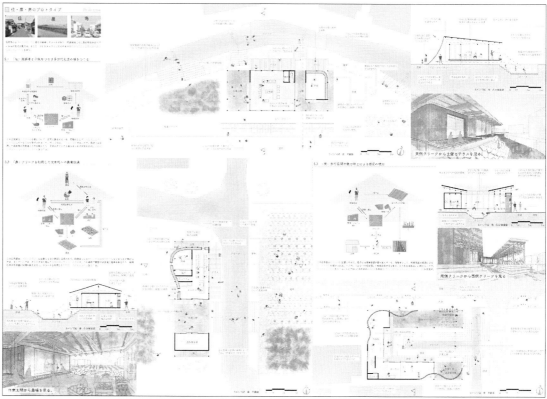

支部入選

旦過倉庫
―倉庫から始まるコモンズの可能性―

河室駿平　野口夕華
新井青空

熊本大学

CONCEPT

都市市場は限られた敷地の中で各店舗1つ以上の倉庫を所有する『一店舗一倉庫』で構成されており、公有の場が失われている。

本提案では私有物の保存のみに使われてきた「倉庫」を共有資源とし、市場内に散らばる同じモノを同じ場所に集めるという、『一商品一倉庫』の構成で市場全体を再編する。「倉庫」を共有する市場は空間が店舗間の垣根を越えてつながり、市場全体での新たな売り方、空間の使い方へとシフトしていく。

支部講評

地域の食を支えてきた歴史ある市場を街の空間資源として捉え、店舗毎に個別化している倉庫を共有化することで、市場全体をコモンズとして再構築しようとする提案である。倉庫を媒体に、店舗、食堂、加工場、ゴミ処理場、畑、住宅などが渾然一体となった建築のイメージと、物や人の循環の仕組みが美しいドローイングで表現されており、明るく透明感のある新しい共有地としての市場のイメージが想起される。一方で、描かれた空間はどこか整然として、巷にある倉庫型店舗に見えなくもない。旧来の市場がもつ生々しさや怪しげな雰囲気が保存されると、より魅力的な提案になりそうだ。

（鷹野敦）

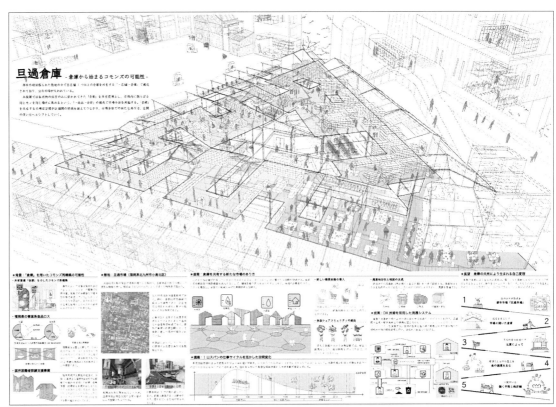

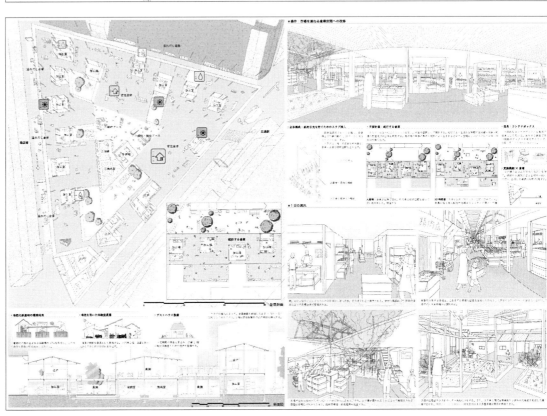

棚山棚海
棚じぶ小屋の再編による集落コミュニティの再生提案

保澤伸光　森敦宏
松田愛也　Clifford Theys
佐賀大学

CONCEPT

集落コミュニティの希薄化が進み、資源を持て余している佐賀県鹿島市音成。豊富な資源とともに伝統をもつこの集落の再生に、建築で何かアプローチできないだろうか。私たちは、伝統漁業で利用され、現在も観光用としてわずかに残る「棚じぶ小屋」に着目した。音成の産業と結びつき新たな地域住民の拠点となる棚じぶ小屋は、集落の魅力を増幅・発信していく。

支部講評

多良岳と有明海に挟まれた豊富な天然資源を有する地域が抱える人口流出・産業衰退といった社会課題に対して、農漁業の工程から生み出される資源を活用し、コミュニティの強化、地域の持続可能性を示す提案である。「棚じぶ」という地域住民が自らの手でつくってきた小屋の集合によって魅力的な空間をつくり出し、将来の観光産業の増強と一次産業の復興が、コモンズの再構築として違和感なく感じ取れる点に好感がもてた。一次産業の新たな拠点として、観光産業へ展開していくイメージが感じ取れるように、図面や鳥瞰パース・内観表現などに工夫を期待したい。

（堀英祐）

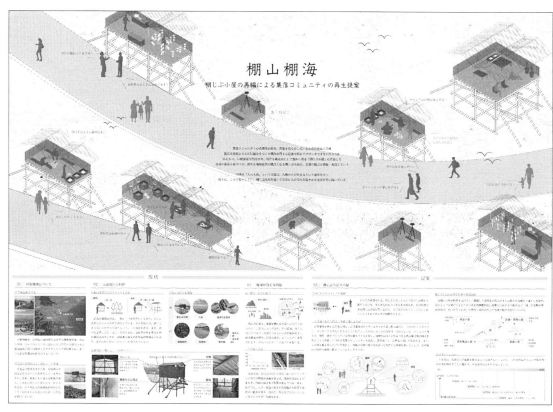

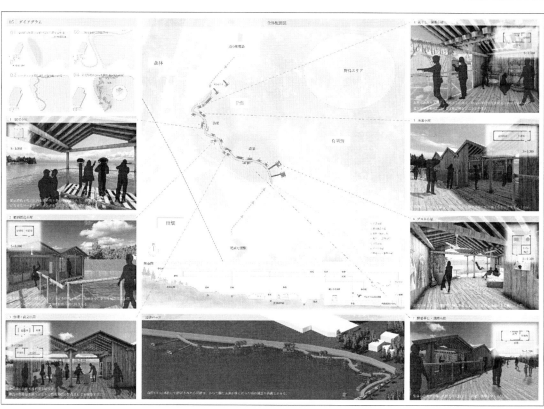

今日は雨だから洗濯物を干そう

支部入選

吉松佳亮　佐々木優
長瀬ルナ *
東海大学　*日本女子大学

CONCEPT

雨上がりの日、この集落では洗濯物を干す習慣がある。集落は、人々の叡智が積み重なり、文化をつくっていく。本計画地は地熱が豊富なため、町の所々から蒸気が発生しており、人々の暮らしに取り入れられている。蒸気が上に昇ることを最大限に活かし、洗濯屋として生活の一部に組み込むことで出来る新しい集落の在り方を提案する。

支部講評

熊本県小国町のわいた地区は地熱によって生じた蒸気を日常生活に活用しているが、その蒸気をアイロンがけや染み抜きなどに利用し、新たに洗濯屋としての機能をもった町に変えていこうとする計画である。その地域資産とも言える蒸気を洗濯などに活用することで、町の個性と愛着を増している。

「蒸気がま」のように現在平面的な共有利用されている蒸気を、断面方向にも活用するために3階建て程度の木造施設が計画されているが、作品中の模型写真で見ると、その計画建物は既存家屋も含めた田舎の風景にうまく溶け込んでいた。山間部での洗濯業という点ではリアリティに欠けるが、蒸気という地域資産をコモンズとして活用した点を高く評価した。

（内田貴久）

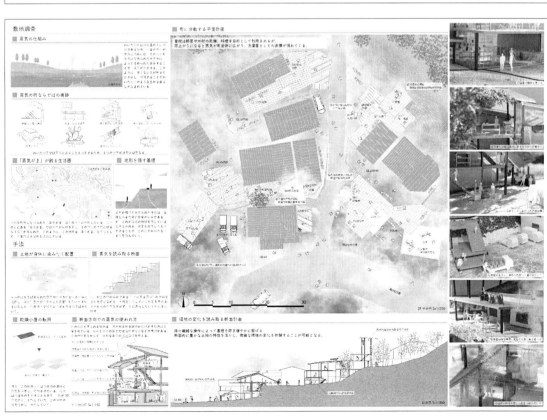

支部入選

まちの解き方
― マンション下から広がる居場所 ―

西薗七海
髙辻小春

熊本大学

CONCEPT

熊本市古町地区では、空き地の活用法としてマンションが増加している。それに伴い、公開空地も設置されているが、本来の目的である周辺環境の向上に寄与できているとは言えない。まちの資源である公開空地をマンションを減築することで生まれるマチニワとし、町民が自分たちで手を加えるニワいじりを行う。マチニワは1日の流れ、季節の変化、子どもの成長にしたがってかたちを変え、まちに子どもの居場所が広がっていく。ニワいじりは子どもの居場所だけでなく、子どもを介した多世代の交流も生み出し、まちはかつての活気を取り戻す。

支部講評

上手く活用されていない名目のみの空間であるマンションの公開空地を、小さな建築行為やニワの手入れにより、町民が自分たちが手を加えるマチニワとして再編・再生していこうという興味深い提案であり、住民の関係が希薄になりつつある都市空間に一石を投じるものである。その管理・運用体制等にまで踏み込んだ提案があるとさらによかった。
（高取千佳）

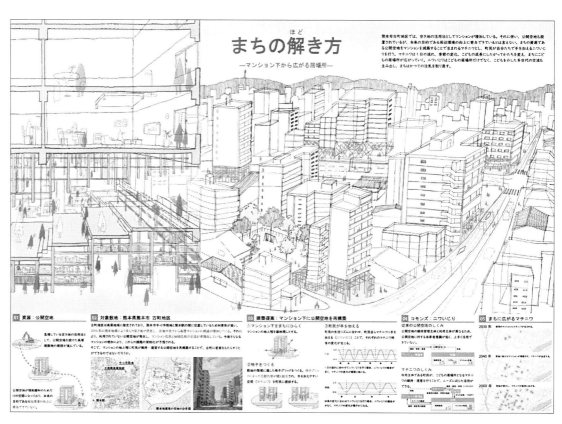

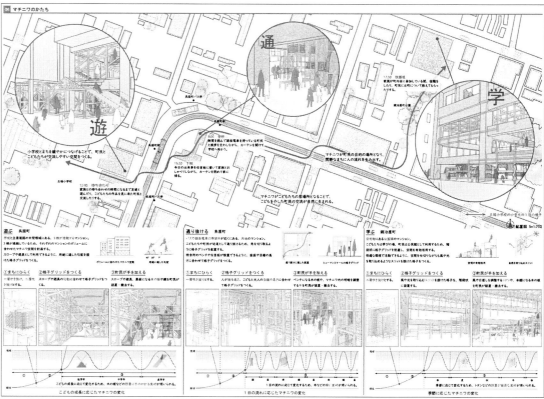

街を紡ぐ用水路

村上彩華　久冨英樹
宮内章吾

熊本大学

CONCEPT

かつてはこの土地にとってなくてはならない存在だった二の井手用水路。
周辺には、用水路を介した地域のコミュニティが存在した。
近代化に伴って人々の生活から用水路は離れ、暗渠となり、存在は風化した。
本提案では、暗渠となった用水路の蓋をはがし、街に沿って拡大する。建築を用いて拡大された用水路の再資源化を行う。現代の水路がもたらす新たな環境は日常を変化させる。

支部講評

宅地開発により暗渠化されたかつてのコモンズ＝用水路を再生し、希薄な地域コミュニティを活性化しようとする提案である。開渠し蛇行させた用水路に沿ってキッチンや菜園、飲食スペースや水遊び広場などの親水空間を配置し、住民が共同で管理しながら日常生活の中で利用するイメージはわかりやすい。東屋や家具等による簡易な場の設えや、水面のレベル操作による用水路の多様な活用の提案も共感できる。ただ、少しユートピア的にも感じられる。これだけの施設や仕組みに住民が自分毎として持続的に関わるためには、何かアイデアが要りそうだ。

（鷹野敦）

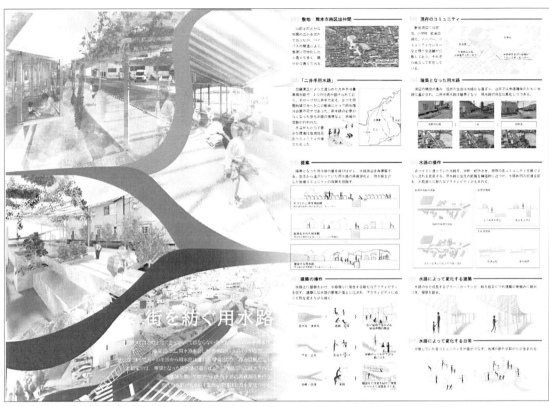

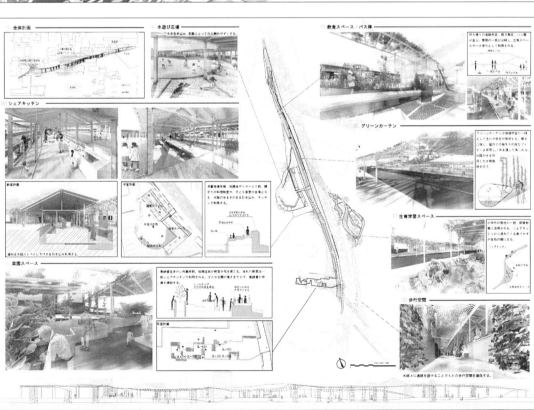

支部入選

山水を治める白砂

原英里佳　田村康輔　川野研登
佐古統哉　立元佑樹
宮川葵衣　大野将太郎
東京理科大学

CONCEPT

頻繁に土砂災害が発生する垂水市に対して、シラスコンクリートを用いたスリットダムを配置することで、土砂崩れを防ぐことを提案する。

農業を妨害し、土砂崩れを誘発する"嫌われモノのシラス"が、スリット状の柱となり、土砂を段階的に抑え、街を守る。柱は寸法を変えることで、ある場所ではダム、ある場所では椅子に変化し、自然と身体の双方に働きかける。シラスは山々との境界を解き、川辺は市民の共有財産へと昇華していく。

支部講評

土砂災害が頻発する集落での砂防堰堤建設に対する新たな対策案として段階式スリットダムを提案している。従来型の砂防堰堤では山林と川辺集落を分断してしまっているが、スリットダムによってその分断を開放し、そこに大小さまざまなスケールのスリットダム柱を配置することで土砂災害対策という「非日常」と屋根を支える構造体や身体スケールとして利用できるファニチャとしての「日常」をフェーズフリーで繋いでいるアイデアは秀逸である。自然の中に現れた湾曲した屋根、そしてスリットダムの列柱も美しく表現されていて好感がもてるが、断面図での表現については、多様な使われ方を表現する工夫がほしかった。

（堀英祐）

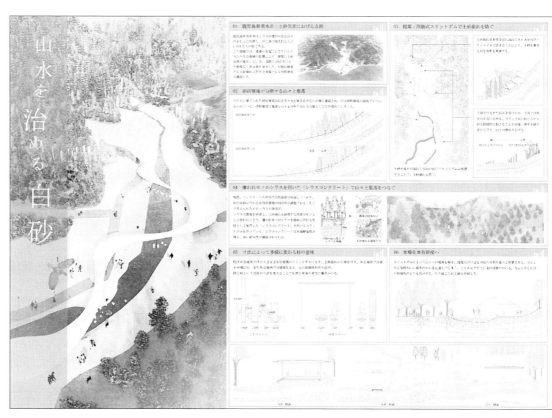

支部入選

コモンズを暮らす
— 桜島文化が根底にある営み —

富田明日香
吹留史恵

鹿児島大学

CONCEPT

火山灰を資源化し、桜島に根付いた特有の農業における知恵や文化やコモンズと捉え、そのうえで外部の人々がコモンズを体験しながら暮らすことで、桜島の文化を持続可能なものにしていく建築を提案する。さらに、外部の人々が地元の農家とともに桜島の農業を長期にわたって体験し、新たな感情や価値観を生み出すことで、知識を得るだけでは超えられない自己変容の壁を自然と乗り越えることができるような場を目指す。

支部講評

地域性のある火山灰を資源として構造体としてのプランターをつくり、その土地特有の桜島大根や桜島小みかんといった作物を育て、その場所そのものがコモンズとして人々の暮らしの中心になるという提案である。パース表現から、実際にそこで収穫された作物がコモンズの中にあるレストランで調理して出されたり、二次加工することで新たな商を生み出したりと、プランター＋作物と密接に関わり、生き生きとした生活イメージが見て取れる。農作物が建物自体のガーデニング的役割も担っており、建築が前面に出るというよりも緑に覆われた人の活動の場、としての建築である点が面白いと感じる。

（西岡梨夏）

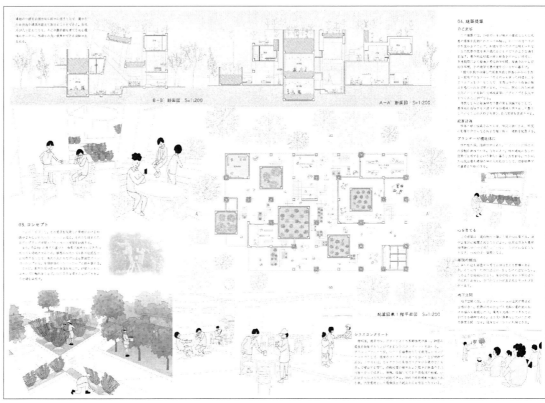

支部入選

再構される町並みのメタファー

菊武大将
小泉思聞
熊本大学

CONCEPT

熊本市古町は商業地区、町屋というアイデンティティが霞んだ状態にある。そんな地域に住む人々が望むまちにするために、住民自らがまち並みをデザインしていく。そこから、無機質な駐車場に完成が見えない余白のある空間を掛け合わせた。住民が固定観念に捉われずに潜在的に思っていたことを表現できる空間であり、必要なものを取り入れ、いらないものを削ぎ落とすその行為は独自のカタチを町並みとして定義する。そうすることで次の世代の古町らしさというメタファーが形成されていき、それは文化と呼ばれるだろう。

支部講評

城下町として栄えた歴史のある熊本市内の古町を計画エリアとし、現在そのエリアに虫食い的に発生している駐車場を新たなコモンズ構築の敷地とした案である。駐車している車の上部空間が空いていることに着目し、その車上空間に計画した切妻屋根の木造2階建て施設が、作品図面に丁寧に表現されていた。
しかし、古町固有の要素を抽出して地域との親和性を考えた結果がこの施設の木造切妻屋根形状であること（単純な形態決定論理）や、この施設を建設することで地域交流の場が広がるという説明（安易なコミュニティ形成方法論）といった、学生提案作品に多く見られる欠点がいくつか見られたのは残念である。

（内田貴久）

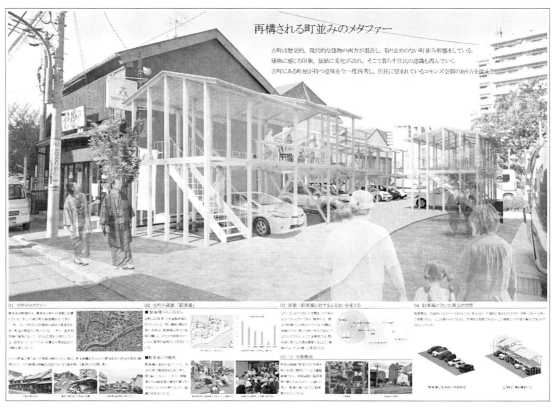

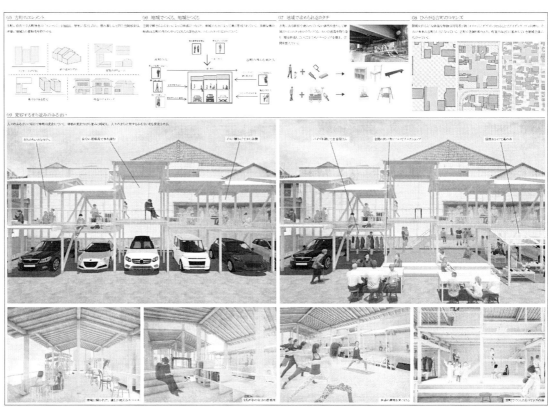

支部入選

Urban Zipper
〜小型船を資源とした水のコモンズの提案〜

早坂秀悟

鹿児島大学

CONCEPT

選定敷地は、鹿児島県鹿児島市の鴨池川である。昔は風光明媚な海岸線があったが、2つの埋め立てによってそれらは失われた。埋立地は公共施設が立ち並び市民にとって身近な場所となったが、その隙間の鴨池川は樹木によって覆い隠され近寄りがたい水辺となった。隠されたこの場所を覗きこむように降りると小型船が所狭しに並ぶ船のコモンズがあった。小型船を資源とする水のコモンズを構築し、分断を解消する Urban Zipper を提案する。

支部講評

都市の裏となっていた鹿児島市の鴨池川を、まちのコモンズとして開いていくという、コモンズの王道の提案でありながら、地域の歴史、関係主体、資源や小型船係留地や船整備場の再編等といった丁寧な建築的操作の積み重ねによる点で独自性を有している。実際にこうした空間ができたら行ってみたいと思う提案である。

（高取千佳）

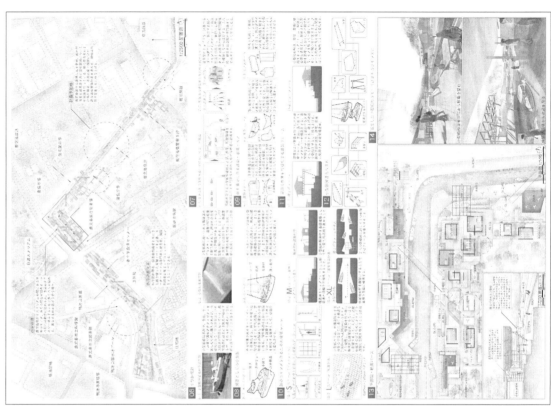

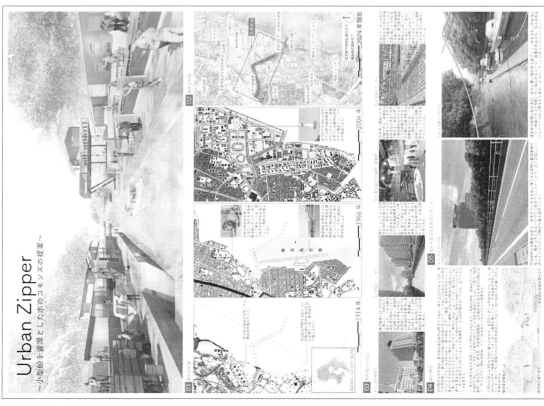

追憶の鼓動
―ダムの浸水周期による流出と再構が紡ぐ、消えゆく水際の伝承―

辻竜太　三上悟史　髙橋清那
平井琳大郎　糸山佳那
早稲田大学

CONCEPT

半世紀にわたり三転するダム計画に振り回されてきた五木村。川に近い営みは、沈まずに目の前で朽ち続けている。流水型ダム計画が決定した背景から、遺跡化している旧集落の歴史文化生業を、ダム浸水周期という鼓動に合わせ、空間の流失と再編の循環によって、追憶されるような場を計画する。鼓動が木材という動脈を送り、記憶という静脈として浸水域を輪廻する。水と山の共鳴がかつての記憶を想い起こし、人々が鼓動の一部となる。「道ゆく誰かが私のことを少しでも思ってほしい」

支部講評

ダム計画に翻弄され消滅の途を辿る山間集落の存在や、そこで培われた文化を、ダムの浸水周期とリンクした建築や生業の再生と解体の循環の仕組みによって後世に伝えようとする提案である。独特の雰囲気あるプレゼンテーションが際立ち評価を得た。しかし、循環のストーリーや描かれている建築の必然性が理解しづらく、ここで想定されている資源やコモンズが読み取れなかった。どこか儀式的、あるいはメモリアル的な提案に見え、本設計競技の課題にどのように応えているのか、個人的には掴みきれなかった。

（鷹野敦）

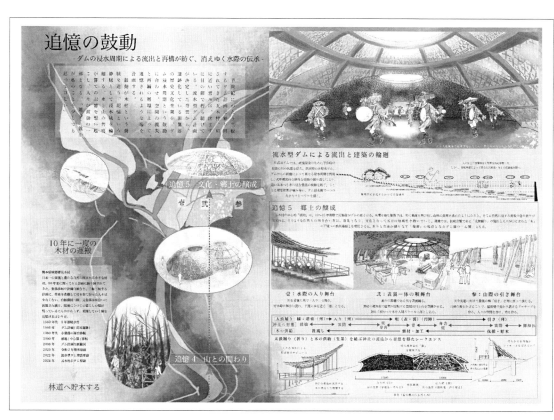

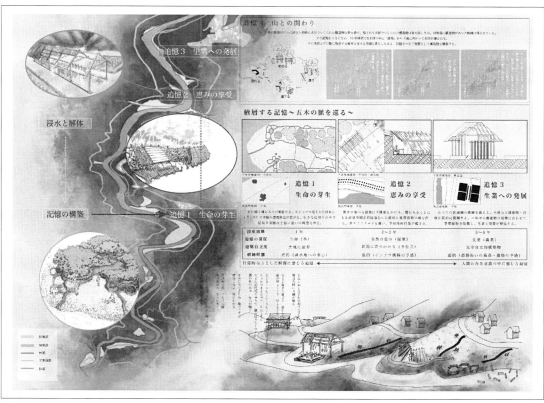

2024年度 支部共通事業 日本建築学会設計競技

応募要領
［課題］コモンズの再構築
——建築、ランドスケープがもたらす自己変容

〈主催〉 日本建築学会

〈後援〉 日本建設業連合会
日本建築家協会
日本建築士会連合会
日本建築士事務所協会連合会

〈主旨〉

　私はここ数年、千葉県鴨川市の山側にある棚田集落に通い、里山再生に取り組んできました。きっかけは2019年の台風被害。友人の家のトタン屋根が豪風で吹き飛び、中から出てきた茅葺屋根を葺き替えることを旗印に、茅場の再生や耕作放棄地での米作り、人が入らなくなって久しい森林の整備を始めました。さらに、空き家になった古民家を仲間と共同購入し、コミュニティキッチンや簡易宿所として改修。都市住民も気楽に里山の活動に参加できる都市農村交流の拠点としてきました。コロナ禍での移動制限中も、バブル方式で安全を確保しながら毎週末のように研究室の学生たちと集落に通い、土、草、樹木、材木など、向き合う相手（資源）に合わせて道具を持ち替え、自らの身体性を発見し、里山の一部に少しずつなってきました。生命力と幸福感に溢れたこうした体験は、1. 身の回りの環境を、2. 道具を手にして、3. 自らの身体を投じて、4. 資源化しながら整える、5. 仲間がいる、という条件によって支えられていると私は考えます。スキルを介した資源へのアクセシビリティとメンバーシップといえばコモンズの原理です。しかし、所有と資本を疑わない現代社会では、農村であれ都市であれ、分断が進む一方です。そこで今回の設計競技では、こうしたコモンズ再構築の提案を求めます。農村でも都市でも構いません。まだまだ利用されていない資源（解体される建物、ゴミ、古い衣服、太陽、雨、土など）は都市にもあります。すでに応募者自身で行っている具体的な取り組みでも構いません。将来像を含めたドローイングや模型などで建築的提案として表現してください。建築の、そして我々人間の未来のあり方を開く刺激的な審査会と展示を、2024年の日本建築学会大会で開催できることを楽しみにして

います。

※以下の募集ページより、課題趣旨の説明動画もご覧ください。

https://www.aij.or.jp/event/detail.html?productId=692268

（審査委員長　塚本　由晴）

〈応募規定〉

A．課題
コモンズの再構築
——建築、ランドスケープがもたらす自己変容

B．条件
実在の場所（計画対象）を設定すること。

C．応募資格
本会個人会員（準会員を含む）、または会員のみで構成するグループとする。なお、同一代表名で複数の応募をすることはできない。

※未入会の場合は、入会手続きを完了したうえで応募すること。ただし、口座振替の場合は、2024年4月19日（金）までに入会手続きを完了すること。（応募期間と異なるためご注意ください。）

※未入会者、2024年度会費未納者ならびにその該当者が含まれるグループの応募は受け付けない。応募時までに完納すること。

D．提出物
下記1点もしくは2点を提出すること。

a．計画案のPDFファイル＜必須＞
以下の①〜④をA2サイズ（420×594mm）2枚に収めた後、A3サイズ2枚に縮小したPDFファイル。なお、使用する言語は、日本語または英語とすること。（解像度は350dpiを保持し、容量は合計20MB以内とする。PDFファイルは1枚目が1ページ目、2枚目が2ページ目となるように作成する。A2サイズ1枚にはまとめないこと。）模型写真等を自由に組み合わせ、わかりやすく表現すること。
① 設定した計画対象地を具体的に示すこと
② 設計主旨（文字サイズは10ポイント以上を目安とし、日本語の場合は約600字以内、英語の場合は約300Word以内の文章にまとめる）
③ 計画条件・計画対象の現状（図や写真等を用いてよい）
④ 各種ドローイング

b．顔写真のJPGファイル＜希望者のみ＞
代表者および共同制作者のうち、掲載を希望する者の顔が写っているもの1枚に限る。なお、サイズは横4cm×縦3cm以内で、容量は20MB以内とする。

E．注意事項
①2021年度より、応募方法がWeb応募に変更となりました。募集ページに掲載する「応募サイト」上での応募者情報の入力および提出物のデータ送信をもって応募となります。締切後の訂正は一切できず、提出物のメール添付やCD-R等での郵送、持参は受け付けません。※詳細は「F. 応募方法および応募期間」や募集ページ参照。

②応募要領の公開後に生じた変更事項や最新情報については、随時募集ページ上に掲載します。実際に応募する前に確認してください。

③「D. 提出物」には、氏名・所属などの応募者が特定できる情報（ファイル作成者等も含む）を記載してはいけません。なお、提出物は返却いたしません。
　また、「D. 提出物」および応募サイトに入力した「設計主旨の要約」は、入選後に刊行される『2024年度日本建築学会設計競技優秀作品集』（技報堂出版）および『建築雑誌』の入選作品紹介の原稿として使用します。

④応募作品は、応募者自身によるオリジナル作品であること。他の設計競技等へ過去に応募した作品や現在応募中の作品（二重応募）は応募できません。

⑤応募作品は、全国二次審査会が終了するまで、あらゆる媒体での公開や発表を禁じます。

⑥入選者には、入選者の負担で展示パネル等を作成していただく場合があります。

⑦応募要領に違反した場合は受賞を取り消す場合があります。

⑧新型コロナウイルス感染症等の影響により、全国二次審査会の開催方法等を変更する場合があります。

F．応募方法および応募期間
①応募方法
後掲の募集ページへ掲載する要領等を確認のうえ、「応募サイト」より応募ください。
②応募支部
「応募サイト」の"応募支部"では、計画対象

の所在地を所轄する本会各支部を選択してください。例えば、関東支部所属の応募者が計画対象の所在地を東北支部所轄地域内に設定した場合は、東北支部を選択してください。計画対象の所在地を海外に設定した場合は、応募者が所属する支部を選択してください。応募先の支部にて支部審査を行うため、応募支部に誤りのある場合は、審査対象外となる場合もありますのでご注意ください。なお、本会各支部の所轄地域は、「J.問合せ」②をご参照ください。

募集ページ：

https://www.aij.or.jp/event/detail.html?productId=692268

③応募期間

2024年5月10日（金）〜6月10日（月）16:59（厳守）

G. 審査方法

①支部審査

応募作品を支部ごとに審査し、応募数が15件以下は応募数の1/3程度、16〜20件は5件を支部入選とする。また、応募数が20件を超える分は、5件の支部入選作品に支部審査委員の判断により、応募数5件ごと（端数は切り上げ）に対し1件を加えた件数を上限として支部入選とする。

②全国審査

支部入選作品をさらに本部に集め全国審査を行い、「H.賞および審査結果の公表等」の全国入選作品を選出する。

1）全国一次審査会（非公開）

全国入選候補作品とタジマ奨励賞の決定。

2）全国二次審査会（公開）

全国入選候補者によるプレゼンテーションを実施し、その後に最終審査を行い、各賞と佳作を決定する。代理によるプレゼンテーションは認めない。なお、タジマ奨励賞のプレゼンテーションは行わない。

日時：2024年8月28日（水）
　　　9:30〜16:30

場所：明治大学（大会会場：千代田区神田駿河台）

※大会参加費、旅費等の費用負担は一切いたしません。

プログラム：

9:30〜開場

9:45〜11:30 全国入選候補者によるプレゼンテーション

※発表時間は8分間（発表4分、質疑4分）です。PCプロジェクターは主催者側で用意します。パソコン等は各自でご用意ください。

12:30〜14:30 公開審査

15:45〜16:30 表彰式

※プログラムは、大会スケジュールにより時間が多少前後する場合があります。

③審査員（敬称略順不同）

〈全国審査員〉

委員長

塚本　由晴（東京工業大学教授）

委　員

家成　俊勝（dot architects共同主宰）

五十嵐　淳（五十嵐淳建築設計事務所代表）

上原　雄史（富山大学教授）

田中　智之（早稲田大学教授）

野田　満（近畿大学講師）

堀越　優希（東京藝術大学助教）

〈支部審査員〉

●北海道支部

赤坂真一郎（アカサカシンイチロウアトリエ代表取締役）

久野　浩志（久野浩志建築設計事務所代表）

小西　彦仁（ヒココニシアーキテクチュア代表取締役）

松島　潤平（北海道大学准教授）

山之内裕一（山之内建築研究所代表）

●東北支部

今泉絵里花（東北大学助手）

大沼　正寛（東北工業大学教授）

栗原　広佑（東北工業大学講師）

小地沢将之（宮城大学准教授）

中村　琢巳（東北工業大学准教授）

●関東支部

市川　竜吾（市川竜吾設計事務所代表取締役）

恩田　聡（日建設計設計グループ設計部長）

虎尾　亮太（トラオシェアーキテクツ代表）

藤　貴彰（藤貴彰+藤悠子アーキテクチャー代表）

山﨑　敏幸（松田平田設計総合設計室統括部長）

●東海支部

謡口　志保（ウタグチシホ建築アトリエ主宰）

佐藤　一郎（愛知県建築局公共建築部住宅計画課企画グループ主査）

田井　幹夫（静岡理工科大学准教授）

西口　賢（西口賢建築設計事務所代表）

山岸　綾（中部大学准教授）

●北陸支部

佐藤　考一（金沢工業大学教授）

清水　俊貴（福井工業大学准教授）

鈴木　晋（アルキテク設計室代表）

寺内美紀子（信州大学教授）

宮下　智裕（金沢工業大学教授）

森本　英裕（レトロフィット合同会社代表）

●近畿支部

臼井　明夫（鴻池組設計本部建築設計第1部部長）

大澤　智（日建設計設計部門設計グループダイレクター）

鈴木　広隆（神戸大学教授）

森　雅章（安井建築設計事務所設計部設計部長）

山崎　泰寛（京都工芸繊維大学教授）

●中国支部

河田　智成（広島工業大学教授）

清水　里司（山口大学教授）

土井　一秀（近畿大学教授）

中薗　哲也（広島大学准教授）

原　浩二（原浩二建築設計事務所所長）

向山　徹（岡山県立大学教授）

●四国支部

東　哲也（建築設計群無垢取締役）

鈴木　達也（香川大学講師）

福田　頼人（くすの木建築研究所代表）

矢野　寿洋（矢野青山建築設計事務所代表取締役）

●九州支部

内田　貴久（崇城大学助教）

高取　千佳（九州大学准教授）

鷹野　敦（鹿児島大学准教授）

西岡　梨夏（ソルト建築設計事務所代表）

堀　英祐（近畿大学准教授）

H. 賞および審査結果の公表等

①賞

1）支部入選：支部長より賞状および賞牌を贈る（ただし、全国入選者・タジマ奨励賞は除く）。

2）全国入選：次のとおりとする（合計12件以内）。

●最優秀賞：2件以内

賞状・賞牌・賞金（計100万円）

●優　秀　賞：数件

賞状・賞牌・賞金（各10万円）

●佳　　作：数件

賞状・賞牌・賞金（各5万円）

3）タジマ奨励賞：タジマ建築教育振興基金により、支部入選作品の中から、準会員の個人またはグループを対象に授与する（10件以内）。
賞状・賞牌・賞金（各10万円）

②審査結果の公表等

・支部審査の結果：各支部より応募者に通知（7月11日以降）
・全国審査およびタジマ奨励賞の結果：本部より全国一次審査結果を支部入選者に通知（8月上旬）
・全国入選者表彰式：8月28日（水）明治大学（大会会場）
・全国入選作品・審査講評：『建築雑誌』ならびに本会Webサイトに掲載
・入選作品展示：大会会場等にて展示

I．著作権

応募作品の著作権は、応募者に帰属する。ただし、本会および本会が委託したものが、この事業の主旨に則して『建築雑誌』・本会Webサイトへの掲載、紙媒体出版物（オンデマンド出版を含む）および電子出版物（インターネット等を利用し公衆に送信することを含む）、展示などに用いる場合は、無償でその使用を認めることとする。

なお、著作権の侵害等の問題は応募者が全ての責任を負う。提出物に使用する写真等は他者の権利を侵害しないよう十分注意すること。

J．問合せ

①応募サイトに関する問合せ

日本建築学会支部共通設計競技電子応募受付係
　TEL.03-3456-2056
　E-mail sskoubo@aij.or.jp

②その他の問合せ、各支部事務局一覧
　［計画対象地域］

日本建築学会北海道支部
　［北海道］
　TEL.011-219-0702
　E-mail aij-hkd@themis.ocn.ne.jp

日本建築学会東北支部
　［青森、岩手、宮城、秋田、山形、福島］
　TEL.022-265-3404
　E-mail aij-tohoku@mth.biglobe.ne.jp

日本建築学会関東支部
　［茨城、栃木、群馬、埼玉、千葉、東京、神奈川、山梨］
　TEL.03-3456-2050
　E-mail kanto@aij.or.jp

日本建築学会東海支部
　［静岡、岐阜、愛知、三重］
　TEL.052-201-3088
　E-mail tokai-sibu@aij.or.jp

日本建築学会北陸支部
　［新潟、富山、石川、福井、長野］
　TEL.076-220-5566
　E-mail aij-h@p2222.nsk.ne.jp

日本建築学会近畿支部
　［滋賀、京都、大阪、兵庫、奈良、和歌山］
　TEL.06-6443-0538
　E-mail aij-kinki@kfd.biglobe.ne.jp

日本建築学会中国支部
　［鳥取、島根、岡山、広島、山口］
　TEL.082-243-6605
　E-mail chugoku@aij.or.jp

日本建築学会四国支部
　［徳島、香川、愛媛、高知］
　TEL.088-624-6055
　E-mail aijsc@vesta.ocn.ne.jp

日本建築学会九州支部
　［福岡、佐賀、長崎、熊本、大分、宮崎、鹿児島、沖縄］
　TEL.092-406-2416
　E-mail kyushu@aij.or.jp

【優秀作品集について】

全国入選・支部入選作品は『日本建築学会設計競技優秀作品集』（技報堂出版）に収録し刊行されます。過去の作品集も、設計の参考としてご活用ください。

＜過去5年の課題＞

・2023年度
「環境と建築」

・2022年度
「「他者」とともに生きる建築」

・2021年度
「まちづくりの核として福祉を考える」

・2020年度
「外との新しいつながりをもった住まい」

・2019年度
「ダンチを再考する」

＜詳細・販売＞

技報堂出版
　https://gihodobooks.sslserve.jp/

2024年度設計競技
入選者・応募数一覧

■全国入選者一覧

賞	会員	代表	制作者	所属	支部
最優秀賞 タジマ奨励賞	準会員	○	橋本 七海	岡山県立大学	中国
最優秀賞	正会員	○	渡辺 圭一郎	大阪大学	近畿
	〃		柴垣 志保	〃	
	〃		大山 亮	東京工業大学	
優秀賞	正会員	○	遠藤 康一	宇都宮大学	関東
	〃		東田 雄崇	〃	
	〃		山口 颯太	〃	
	〃		草野 聡一朗	〃	
	〃		滝沢 菜智	〃	
	〃		鈴木 亮汰	〃	
優秀賞	正会員	○	原田 雄次	東京藝術大学	中国
優秀賞	正会員	○	人見 健太	日本大学	関東
	〃		栗山 陸	〃	
	〃		斉藤 末紗	〃	
	〃		三須 隆大	〃	
優秀賞	正会員	○	森 聖雅	大阪大学	近畿
	〃		田内 丈登	〃	
	〃		李 蔚	〃	
佳作	正会員	○	池野 光美	大手前大学	東海
佳作	正会員	○	神谷 尚輝	名城大学	東海
	〃		都築 萌	〃	
	準会員		古西 翔	〃	
	〃		西澤 由翔	〃	
	〃		藤原 李槻	〃	
	〃		鈴木 遥翔	〃	
	〃		寺西 知慧	〃	
佳作	正会員	○	竹中 健悟	熊本大学	九州
	〃		上村 琢太	〃	
	〃		佐藤 龍真	〃	
佳作	正会員	○	野口 舞波	大阪工業大学	近畿
	〃		濱田 良平	〃	
	〃		吉本 佑理	〃	
佳作	準会員	○	栁瀨 由依	近畿大学	中国
	正会員		藤本 泰弥	〃	
	〃		三原 海音	〃	
	〃		北村 太一	〃	
佳作	正会員	○	矢部 花佳	関西大学	近畿
	〃		古田 萌華	〃	
	〃		高田 勝	〃	
	〃		宮上 南祉惟	〃	
	〃		山﨑 茜	〃	

■タジマ奨励賞入選者一覧

賞	会員	代表	制作者	所属	支部
タジマ奨励賞	準会員	○	磯村 今日子	名城大学	東海
	〃		田口 心唯	〃	
	〃		黒田 実花	〃	
タジマ奨励賞	準会員	○	桂藤 快晟	島根大学	中国
	〃		須山 将之介	〃	
	〃		大石 一平汰	〃	
タジマ奨励賞	準会員	○	佐藤 秀弥	広島大学	四国
	〃		土居 秋穂	〃	
	〃		友定 真由	〃	
タジマ奨励賞	準会員	○	鷹見 洸志	愛知工業大学	近畿
	〃		鈴木 光	〃	
	〃		濱田 恭輔	〃	
タジマ奨励賞	準会員	○	田口 廣	愛知淑徳大学	東海
	〃		竹川 葵	〃	
	〃		細江 杏里	〃	
タジマ奨励賞	準会員	○	幡野 優花	日本大学	東海
	〃		渡邉 健	〃	
	〃		石塚 幸輝	〃	
タジマ奨励賞	準会員	○	藤林 未来	日本大学	北陸
	〃		髙橋 樹	〃	
	〃		渡部 峻	〃	
タジマ奨励賞	準会員	○	本田 竜河	日本大学	関東
	〃		堀江 琉太	〃	
	〃		吉田 天音	〃	
タジマ奨励賞	準会員	○	山田 大介	愛知工業大学	東海
	〃		堤 愛莉	〃	
	〃		菱田 翔太	〃	
	〃		湯澤 慎	〃	

■支部別応募数、支部選数、全国選数

支部	応募数	支部入選	全国入選	タジマ奨励賞
北海道	15	5		
東 北	15	5		
関 東	59	13	優秀賞2	1
東 海	48	11	佳 作2	4
北 陸	24	5		1
近 畿	47	11	最優秀賞1 優秀賞1 佳 作2	1
中 国	40	9	最優秀賞1 優秀賞1 佳 作1	2
四 国	11	4		1
九 州	82	18	佳 作1	
合 計	341	81	12	10

115

事業概要・沿革

日本建築学会設計競技

1889（明治22）年、帝室博物館を通じての依頼で「宮城正門やぐら台上銅器の意匠」を募集したのが、本会最初の設計競技である。

はじめて本会が主催で催したものは、1906（明治39）年の「日露戦役記念建築物意匠案懸賞募集」である。

その後しばらく外部からのはたらきかけによるものが催された。

1929（昭和4）年から建築展覧会（第3回）の第2部門として設計競技を設け、若い会員の登竜門とし、1943（昭和18）年を最後に戦局悪化で中止となるまで毎年催された。これが現在の前身となる。

戦後になって支部が全国的に設けられ、1951（昭和26）年に関東支部が催した若い会員向けの設計競技に全国から多数応募があったことがきっかけで、1952（昭和27）年度から本部と支部主催の事業として、会員の設計技能練磨を目的とした設計競技が毎年恒例で催されている。

この設計競技は、第一線で活躍されている建築家が多数入選しており、建築家を目指す若い会員の登竜門として高い評価を得ている。

課題と入選者一覧

日本建築学会設計競技／1952年〜2023年

●1952 防火建築帯に建つ店舗付共同住宅

順位	氏 名	所 属
1等	伊藤 清	成和建設名古屋支店
2等	工藤隆昭	竹中工務店九州支店
3等	大木康次	郵政省建築部
	広瀬一良 広谷嘉秋 梶田 丈	中建築設計事務所 〃 〃
	飯岡重雄	清水建設北陸支店
	三谷昭男	京都府建築部

●1953 公民館

順位	氏 名	所 属
1等	宮入 保	早稲田大学
2等	柳 真也	早稲田大学
	中田清兵衛 桝本 賢 伊橋戊義	早稲田大学 〃 〃
3等	鈴木喜久雄	武蔵工業大学
	山田 篤	愛知県建築部
	船橋 巌 西尾武史	大林組 〃

●1954 中学校

順位	氏 名	所 属
1等	小谷喬之助 高橋義明 右田 宏	日本大学 〃 〃
2等 （1席）	長倉康彦 船越 徹 太田利彦 守屋秀夫 鈴木成文 筧 和夫 加藤 勉	東京大学 〃 〃 〃 〃 〃 〃
（2席）	伊藤幸一 稲葉歳明 木村康彦 木下晴夫 讃岐捷一郎 福井弘明 宮武保義 森 正信 力武利夫 若野暢三	清水建設大阪支店 〃 〃 〃 〃 〃 〃 〃 〃 〃
3等 （1席）	相田祐弘 桝本 賢	坂倉建築事務所 日銀建築部
（2席）	森下祐良	大林組本店
（3席）	三宅隆幸 山本晴生 松原成元	伊藤建築事務所 横河工務所 横浜市役所営繕課

●1955 小都市に建つ小病院

順位	氏 名	所 属
1等	山本俊介 高橋精一 高野重文 寺本俊彦 間宮昭朗	清水建設本社 〃 〃 〃 〃
2等 （1席）	浅香久春 柳沢 保 小林 彰 杉浦 進 高野 隆 大久保欽之助 甲木康男 寺畑秀夫 中村欽哉	建設省営繕局 〃 〃 〃 〃 〃 〃 〃 〃
（2席）	野中 卓	野中建築事務所
3等 （1席）	桂 久男 坂田 泉 吉目木幸 武田 晋 松本啓俊 川股重也 星 達雄	東北大学 〃 〃 〃 〃 〃 〃

順位	氏 名	所 属
（2席）	宇野 茂	鉄道会館技術部
（3席）	稲葉歳明 宮武保義 木下晴雄 讃岐捷一郎 福井弘明 森 正信	清水建設大阪支店 〃 〃 〃 〃 〃

●1956 集団住宅の配置計画と共同施設

順位	氏 名	所 属
入選	磯崎 新 奥平耕造 川上秀光 冷牟田純二	東京大学 前川國男建築設計事務所 東京大学 横浜市役所建築局
	小原 誠	電電公社建築局
	太田隆信 藤井博巳 吉川 浩 渡辺 満	早稲田大学 〃 〃 〃
	岡田新一 土肥博至 前田尚美	東京大学 〃 〃
	鎌田恭男 斎藤和夫 寺内 信	大阪市立大学 〃 京都工芸繊維大学

●1957 市民体育館

順位	氏 名	所 属
1等	織田愈史 根津耕一郎 小野ゆみ子	日建設計工房名古屋事務所 〃 〃
2等	三橋千悟 宮入 実 岩井涓一	渡辺西郷設計事務所 佐藤武夫設計事務所 梓建築事務所
	岡部幸蔵 鋤納忠治 高橋 威	日建設計名古屋事務所 〃 〃
3等	磯山 元 青木安治 五十住明	松田平田設計事務所 〃 〃
	太田昭三 大場昌弘	清水建設九州支店 〃
	高田 威 深谷浩一 平田泰次 美野吉昭	大成建設大阪支店 〃 〃 〃

●1958 市民図書館

順位	氏 名	所 属
1等	佐藤 仁 栗原嘉一郎	国会図書館建築部 東京大学
2等 （1席）	入部敏幸 小原 誠	電電公社建築局 〃
（2席）	小坂隆次 佐川嘉弘	大阪市建築局 〃
3等 （1席）	溝端利美	鴻池組名古屋支店
（2席）	小玉武司	建設省営繕局
（3席）	青山謙一 山岸文男 小林美夫 下妻 力	潮建築事務所 〃 日本大学 佐藤建築事務所

●1959 高原に建つユース・ホステル

順位	氏 名	所 属
1等	内藤徹男 多胡 進 進藤汎海 富田寛志	大阪市立大学 〃 〃 奥村組
2等 （1席）	保坂陽一郎	芦原建築設計事務所
（2席）	沢田隆夫	芦原建築設計事務所
3等 （1席）	太田隆信	坂倉建築事務所
（2席）	酒井蔚聿	名古屋工業大学

順位	氏名	所属
(3席)	内藤徹男 多胡 進 進藤汎海 富田寛志	大阪市立大学 〃 〃 奥村組

●1960　ドライブインレストラン

順位	氏名	所属
1等	内藤徹男 斎藤英彦 村尾成文	山下寿郎設計事務所 〃 〃
2等 (1席)	小林美夫 若色峰郎	日本大学理 〃
(2席)	太田邦夫	東京大学
3等 (1席)	秋岡武男 竹原八郎 久門勇夫 藤田昌美 溝神宏至朗 結崎東衛	大阪市立大学 〃 〃 〃 〃 〃
(2席)	沢田隆夫	芦原建築設計事務所
(3席)	浅見欣司 小高鎮夫 南迫哲也 野浦 淳	永田建築事務所 白石建築 工学院大学 宮沢・野浦建築事務所

●1961　多層車庫（駐車ビル）

順位	氏名	所属
1等	根津耕一郎 小松崎常夫	東畑建築事務所 〃
2等 (1席)	猪狩達夫 高田光雄 土谷精一	菊竹清訓建築事務所 長沼純一郎建築事務所 住金鋼材
(2席)	上野斌	広瀬鎌二建築設計事務所
3等 (1席)	能勢次郎 中根敏彦	大林組
(2席)	丹田悦雄	日建設計工務
(3席)	千原久史 古賀新吾	文部省施設部福岡工事事務所 〃
(4席)	篠儀久雄 高楠直夫 平内祥夫 坂井勝次郎 伊藤志郎 田坂邦夫 岩渕淳次 桜井洋雄	竹中工務店名古屋支店 〃 〃 〃 〃 〃 〃 〃

●1962　アパート（工業化を目指した）

順位	氏名	所属
1等	大江幸弘 藤田昌美	大阪建築事務所
2等 (1席)	多賀修三	中央鉄骨工事
(2席)	青木 健 桑本 洋 鈴木雅夫 弘永直康 古野 強	九州大学 〃 〃 〃 〃
3等 (1席)	大沢辰夫	日本住宅公団
(2席)	茂木謙悟 柴田弘光 岩尾 襄	九州大学
(3席)	高橋博久	名古屋工業大学

●1963　自然公園に建つ国民宿舎

順位	氏名	所属
1等	八木沢壮一 戸口靖夫 大久保全陸	東京都立大学 〃 〃
2等 (1席)	若色峰郎 秋元和雄 筒井英雄 津路次朗	日本大学 清水建設 カトウ設計事務所 日本大学
(2席)	上塘洋一 松山岩雄 西村 武	西村設計事務所 白川設計事務所 吉江設計事務所

順位	氏名	所属
3等 (1席)	竹内 皓 内川正人	三菱地所 〃
(2席)	保坂陽一郎	芦原建築設計事務所
(3席)	林 魏	石本建築事務所

●1964　国内線の空港ターミナル

順位	氏名	所属
1等	小松崎常夫	大江宏建築事務所
2等 (1席)	山中一正	梓建築事務所
(2席)	長島茂己	明石建築設計事務所
3等 (1席)	渋谷 昭 渋谷義宏 中村金治 清水英雄	建築創作連合 〃 〃 〃
(2席)	鈴木弘志	建設省営繕局
(3席)	坂巻弘一 高橋一躬 竹内 皓	大成建設 〃 三菱地所

●1965　温泉地に建つ老人ホーム

順位	氏名	所属
1等	松田武治 河合喬史 南 和正	鹿島建設 〃 〃
2等 (1席)	浅井光広 松崎 稔 河西 猛	白川建築設計事務所 〃 〃
(2席)	森 惣介 岡田俊夫 白井正義 渡辺了策	東鉄管理局施設部 国鉄本社施設局 東鉄管理局施設部 国鉄本社施設局
3等 (1席)	村井 啓 福沢健次 志田 巌 渡辺泰男	横総合計画事務所 〃 〃 千葉大学
(2席)	近藤 繁 田村 清 水嶋勇郎 芳谷勝濶	日建設計工務
(3席)	森 史夫	東京工業大学

●1966　農村住宅

順位	氏名	所属
1等	鈴木清史 野呂恒二 山田尚義	小崎建築設計事務所 林・山田・中原設計同人 匠設計事務所
2等 (1席)	竹内 耕 大吉春雄 椎名 茂	明治大学 下元建築事務所 〃
(2席)	田村 光 倉光昌彦	中山克巳建築設計事務所 〃
3等 (1席)	三浦紀之 高山芳彦	磯崎新アトリエ 関東学院大学
(2席)	増野 暁 井口勝文	竹中工務店 〃
(3席)	田良島昭	鹿児島大学

●1967　中都市に建つバスターミナル

順位	氏名	所属
1等	白井正義 深沢健二 柳下 計 清水俊克 四日幹庸 保坂時雄 早川一武 竹谷一夫 野原明彦 高本 司 森 惣介 渡辺了策 坂井敬次	東京鉄道管理局 国鉄東京工事局 東京鉄道管理局 国鉄東京工事局 東京鉄道管理局 国鉄東京工事局 〃 東京鉄道管理局 国鉄東京工事局 東京鉄道管理局 〃 国鉄東京工事局 〃
2等 (1席)	安田丑作	神戸大学

順位	氏名	所属
(2席)	白井正義 他12名1等 入選者と同じ	東京鉄道管理局
3等 (1席)	平 昭男	平建築研究所
(2席)	古賀宏右 矢野彰夫 清原 暢 紀田兼武 中野俊章 城島嘉八郎 木梨良彦 梶原 順	清水建設九州支店 〃 〃 〃 〃 〃 〃 〃
(3席)	唐沢昭夫 畑 聰一 有坂 勝 平野 周 鈴木誠司	芝浦工業大学助手 芝浦工業大学 〃 〃 〃

●1968　青年センター

順位	氏名	所属
1等	菊地大麓	早稲田大学
2等 (1席)	長峰 章 長谷部浩	東洋大学助手 東洋大学
(2席)	坂野醇一	日建設計工務名古屋事務所
3等 (1席)	大橋晃一 大橋二朗	東京理科大学助手 東京理科大学
(2席)	柳村敏彦	教育施設研究所
(3席)	八木幸二	東京工業大学

●1969　郷土美術館

順位	氏名	所属
入選	気賀沢俊之 割田正雄 後藤直道	早稲田大学 〃 〃
	小林勝由 冨士覇玉	丹羽英二建築事務所 清水建設名古屋支店
	和久昭夫 楓 文夫 若宮淳一 実崎弘司	桜井事務所 安宅エンジニアリング 日本大学
	道本裕忠 福井敬之輔 佐藤 護	大成建設本社 大成建設名古屋支店 大成建設新潟支店
	橋本文隆 田村真一	芦原建築設計研究所 武蔵野美術大学

●1970　リハビリテーションセンター

順位	氏名	所属
入選	阿部孝治 伊集院豊麿 江上 徹 竹下秀俊 中溝信之 林 俊生 本田昭四 松永 豊	九州大学 〃 〃 〃 〃 〃 九州大学助手 九州大学
	土田裕康 松本信孝 岩渕昇二 佐藤憲一	東京都立無工業高校 〃 工学院大学 中野区役所建設部
	坪山幸生 杉浦定雄 伊沢 岬 江中伸広 坂井建正 小井義信 吉田 諄 真鍋勝利 田代太一 仲村澄夫	日本大学 アトリエ・K 日本大学 アトリエ・K 日本大学
	光崎俊正	岡建築設計事務所
	宗像博道 山本敏夫 森田芳憲	鹿島建設 三井建設

117

●1971　小学校

順位	氏名	所属
1等	岩井光男	三菱地所
	鳥居和茂	西原研究所
	多田公昌	ヨコテ建築事務所
	芳賀孝和	和田設計コンサルタント
	寺田晃光	三愛石油
	大柿陽一	日本大学
2等	栗生　明	早稲田大学
	高橋英二	〃
	渡辺吉章	〃
	田中那華男	井上久雄建築設計事務所
3等	西川禎一	鹿島建設
	天野喜信	〃
	山口　等	〃
	渋谷外志子	〃
	小林良雄	芦原建築設計研究所
	井上　信	千葉大学
	浮々谷啓悟	〃
	大泉研二	〃
	清田恒夫	〃

●1972　農村集落計画

順位	氏名	所属
1等	渡辺一二	創造社
	大極利明	〃
	村山　忠	SARA工房
2等(1席)	藤本信義	東京工業大学
	楠本侑司	〃
	藍沢　宏	〃
	野原　剛	〃
(2席)	成富善治	京都大学
	町井　充	〃
3等(1席)	本田昭四	九州大学助手
	井手秀一	九州大学
	樋口栄作	〃
	林　俊生	〃
	近藤芳男	〃
	日野　修	〃
	伊集院豊麿	〃
	竹下輝和	〃
(2席)	米津兼男	西尾建築設計事務所
	佐川秀雄	工学院大学
	大町知之	〃
	近藤英雄	〃
(3席)	三好庸隆	大阪大学
	中原文雄	〃

●1973　地方小都市に建つコミュニティーホスピタル

順位	氏名	所属
1等	宮城千城	工学院大学助手
	石渡正行	工学院大学
	内野　豊	〃
	梶本実乗	〃
	天野憲二	〃
	小林正孝	〃
	三好　薫	〃
2等(1席)	高橋公雄	RG工房
	宝田昌秀	〃
	岩崎成義	〃
	加瀬幸次	〃
	内田久雄	〃
	安藤輝男	〃
(2席)	深谷俊則	UA都市・建築研究所
	込山俊二	山下寿郎設計事務所
	高村慶一郎	UA都市・建築研究所
3等(1席)	井手秀一	九州大学
	上和田茂	〃
	竹下輝和	〃
	日野　修	〃
	梶山喜一郎	〃
	永富　誠	〃
	松下隆太	〃
	村上良知	〃
	吉村直樹	〃
(2席)	山本育三	関東学院大学

順位	氏名	所属
(3席)	大町知之	工学院大学
	米津兼男	〃
	佐川秀雄	毛利建築設計事務所
	近藤英雄	工学院大学

●1974　コミュニティスポーツセンター

順位	氏名	所属
1等	江口　潔	千葉大学
	斎藤　実	〃
2等(1席)	佐野原二	藍建築設計センター
(2席)	渡上和則	フジタ工業設計部
3等(1席)	津路次朗	アトリエ・K
	杉浦定雄	〃
	吉田　諄	〃
	真鍋勝利	〃
	坂井建正	〃
	田中重光	〃
	木田　俊	〃
	斎藤祐子	〃
	阿久津裕幸	〃
(2席)	神長一郎	SPACEDESIGNPRODUCESYSTEM
(3席)	日野一男	日本大学
	連川正徳	〃
	常川芳男	〃

●1975　タウンハウス―都市の低層集合住宅

順位	氏名	所属
1等	該当者なし	
2等	毛井正典	芝浦工業大学
	伊藤和範	早稲田大学
	石川俊治	日本国土開発
	大島博明	千葉大学
	小室克夫	〃
	田中二郎	〃
	藤倉　真	〃
3等	衣袋洋一	芝浦工業大学
	中西義和	三貴土木設計事務所
	森岡秀幸	国土工営
	永友秀人	R設計社
	金子幸一	三貴土木設計事務所
	松田福和	奥村組本社

●1976　建築資料館

順位	氏名	所属
1等	佐藤元昭	奥村組
2等	田中康勝	芝浦工業大学
	和田法正	〃
	香取光夫	〃
	田島英夫	〃
	福沢　清	〃
	功刀　強	〃
3等	伊沢　岬	日本大学助手
	大野　豊	日本大学
	笠間康雄	〃
	柿本人司	〃
	佐藤洋一	〃
	高橋鎮男	〃
	場々洋介	〃
	入江敏郎	〃
	功刀　強	芝浦工業大学
	田島英夫	〃
	福沢　清	〃
	和田法正	〃
	香取光夫	〃
	田中康勝	〃
	坂口　修	鹿島建設
	平田典千	〃
	山田嘉朗	東北大学
	大西　誠	〃
	松元隆平	〃

●1977　買物空間

順位	氏名	所属
1等	湯山康樹	早稲田大学
	小田恵介	〃
	南部　真	〃

順位	氏名	所属
2等	堀田一平	環境企画G
	藤井敏信	早稲田大学
	柳田良造	〃
	長谷川正充	〃
	松本靖男	〃
	井上赫郎	首都圏総合計画研究所
	工藤秀美	〃
	金田　弘	環境企画G
	川名俊郎	工学院大学
	林　俊司	〃
	渡辺　暁	〃
3等	菅原尚史	東北大学
	高坂憲治	〃
	千葉琢夫	〃
	森本　修	〃
	山田博人	〃
	長谷川章	早稲田大学
	細川博彰	工学院大学
	露木直己	日本大学
	大内宏友	〃
	永徳　学	〃
	高瀬正二	〃
	井上清春	工学院大学
	田中正裕	〃
	半貫正治	工学院大学

●1978　研修センター

順位	氏名	所属
1等	小石川正男	日本大学短期大学
	神波雅明	高岡建築事務所
	乙坂雅広	日本大学
	永池勝範	鈴喜建設設計
	篠原則夫	日本大学
	田中光義	〃
2等	水島　宏	熊谷組本社
	本田征四郎	〃
	藤吉　恭	〃
	桜井経温	〃
	木野隆信	〃
	若松久雄	鹿島建設
3等	武馬　博	ウシヤマ設計研究室
	持田満輔	芝浦工業大学
	丸田　睦	〃
	山本園子	〃
	小田切利栄	〃
	佐々木勤	〃
	田島　肇	〃
	飯島　宏	〃
	田島英夫	加藤アトリエ
	後藤伸一	前川國男建築設計事務所
	東原克行	〃
	田中隆吉	竹中工務店東京支店

●1979　児童館

順位	氏名	所属
1等	倉本卿介	フジタ工業
	福島節男	〃
	岸原芳人	〃
	杉山栄一	〃
	小泉直久	〃
	小久保茂雄	〃
2等	西沢鉄雄	早稲田大学専門学校
	青柳信子	〃
	秋田宏行	〃
	尾登正典	〃
	斎藤民樹	〃
	坂本俊一	〃
	新井一治	関西大学
	山本孝之	〃
	村田直人	〃
	早瀬英雄	〃
	芳村隆史	〃
3等	中園真人	九州大学
	川島　豊	〃
	永松由教	〃
	入江謙吾	〃

順位	氏名	所属
3等	小吉泰彦	九州大学
	三橋 徹	〃
	山越幸子	〃
	多田善昭	斉藤孝建築設計事務所
	溝口芳典	香川県観音寺土木事務所
	真鍋一伸	富士建設
	柳川恵子	斉藤孝建築設計事務所

●1980 地域の図書館

順位	氏名	所属
1等	三橋 徹	九州大学
	吉田寛史	〃
	内村 勉	〃
	井上 誠	〃
	時政康司	〃
	山野善郎	〃
2等(1席)	若松久雄	鹿島建設
(2席)	塚ノ目栄寿	芝浦工業大学
	山下高二	〃
	山本園子	〃
3等(1席)	布袋洋一	芝浦工業大学
	船山信夫	〃
	栗田正光	〃
(2席)	森 一彦	豊橋技術大学
	梶原雅也	〃
	高村誠人	〃
	市村 弘	〃
	藤島和博	〃
	長村寛行	〃
(3席)	佐々木厚司	京都工芸繊維大学
	野口道男	〃
	西村正裕	〃

●1981 肢体不自由児のための養護学校

順位	氏名	所属
1等	野久尾尚志	地域計画設計
	田畑邦男	
2等(1席)	井上 誠	九州大学
	磯野祥子	〃
	滝山 作	〃
	時政康司	〃
	中村隆明	〃
	山野善郎	〃
	鈴木義弘	〃
(2席)	三川比佐人	清水建設
	黒田和彦	〃
	中島晋一	〃
	馬場弘一郎	〃
	三橋 徹	〃
	吉田 博	〃
3等(1席)	川元 茂	九州大学
	郡 明宏	〃
	永島 潮	〃
	深野木信	〃
(2席)	畠山和幸	住友建設
(3席)	渡辺富雄	日本大学
	佐藤日出夫	〃
	中川龍吾	〃
	本間博之	〃
	馬場律也	〃

●1982 地場産業振興のための拠点施設

順位	氏名	所属
1等	城戸崎和佐	芝浦工業大学
	大崎関男	〃
	木村雅一	〃
	進藤憲治	〃
	宮本秀二	〃
2等	佐々木聡	東北大学
	小沢哲三	〃
	小坂高志	〃
	杉山 丞	〃
	鈴木秀俊	〃
	三嶋志郎	〃
	山田真人	〃
	青木修一	工学院大学

順位	氏名	所属
3等	出田 肇	創設計事務所
	大森正夫	京都工芸繊維大学
	黒田智子	〃
	原 浩一	〃
	鷹村暢子	〃
	日高 章	〃
	岸本和久	〃
	岡田明浩	〃
	深野木信	九州大学
	大津博幸	〃
	川崎光敏	〃
	川島浩孝	〃
	仲江 肇	〃
	西 洋一	〃

●1983 国際学生交流センター

順位	氏名	所属
1等	岸本広久	京都工芸繊維大学
	柴田 厚	〃
	藤田泰広	〃
2等	吉岡栄一	芝浦工業大学
	佐々木和子	〃
	照沼博志	〃
	大野幹雄	〃
	糟谷浩史	京都工芸繊維大学
	鷹村暢子	〃
	原 浩一	〃
3等	森田達志	工学院大学
	丸山正仁	工学院大学
	深野木信	九州大学
	川崎光敏	〃
	高須芳史	〃
	中村孝至	〃
	長嶋洋子	〃
	ウ・ラタン	〃

●1984 マイタウンの修景と再生

順位	氏名	所属
1等	山崎正史	京都大学助手
	浅川滋男	京都大学
	千葉道也	〃
	八木雅夫	〃
	リッタ・サラスティエ	〃
	金 竜河	〃
	カテリナ・メグミ・ナバミネ	〃
	曽野泰行	〃
	若松 準	〃
2等	宗平真澄	関西大学
	近宮健一	〃
	池田泰彦	九州芸術工科大学
	米永優子	〃
	塚原秀典	〃
	上田俊三	〃
	応地丘子	〃
	梶原美樹	〃
3等	大野泰史	鹿島建設
	伊藤吉和	千葉大学
	金 秀吉	〃
	小林一雄	〃
	堀江 隆	〃
	佐藤基一	〃
	須永浩邦	〃
	神尾幸伸	関西大学
	宮本昌彦	〃

●1985 商店街における地域のアゴラ

順位	氏名	所属
1等	元氏 誠	京都工芸繊維大学
	新田晃尚	〃
	浜村哲朗	〃
2等	栗原忠一郎	連合設計栗原忠建築設計事務所
	大成二信	
	千葉道也	京都大学
	増井正哉	〃
	三浦英樹	〃
	カテリナ・メグミ・ナガミネ	〃
	岩松 準	〃

順位	氏名	所属
2等	曽野泰行	京都大学
	金 浩哲	〃
	太田 潤	〃
	大守昌利	〃
	大倉克仁	〃
	加茂みどり	〃
	川村 豊	〃
	黒木俊正	〃
	河本 潔	〃
3等	藤沢伸佳	日本大学
	柳 泰彦	〃
	林 和樹	〃
	田崎祐生	京都大学
	川人洋志	〃
	川野博義	〃
	原 哲也	〃
	八木康夫	〃
	和田 淳	〃
	小谷邦夫	〃
	上田嘉之	〃
	小路直彦	関西大学
	家田知明	〃
	松井 誠	〃

●1986 外国に建てる日本文化センター

順位	氏名	所属
1等	松本博樹	九州芸術工科大学
	近藤英夫	〃
2等(特別賞)	キャロリン・ディナス	オーストラリア
2等	宮宇地一彦	法政大学講師
	丸山茂生	早稲田大学
	山下英樹	〃
3等	グワウン・タン アスコール・ピーターソンズ	オーストラリア
	高橋喜人	早稲田大学
	杉浦友哉	早稲田大学
	小林達也	日本大学
	小川克己	〃
	佐藤信治	〃

●1987 建築博物館

順位	氏名	所属
1等	中島道也	京都工芸繊維大学
	神津昌哉	〃
	丹羽喜裕	〃
	林 秀典	〃
	奥 佳弥	〃
	関井 徹	〃
	三島久範	〃
2等(1席)	吉田敏一	東京理科大学
(2席)	川北健雄	大阪大学
	村井 貢	〃
	岩田尚樹	〃
3等	工藤信啓	九州大学
	石井博文	〃
	吉田 勲	〃
	大坪真一郎	〃
	當間 卓	日本大学
	松岡辰郎	〃
	氏家 聡	〃
	松本博樹	九州芸術工科大学
	江島嘉祐	〃
	坂原裕樹	〃
	森 裕	〃
	渡辺美恵	〃

●1988 わが町のウォーターフロント

順位	氏名	所属
1等	新間英一	日本大学
	丹羽雄一	〃
	橋本禎宜	〃
	草薙茂雄	〃
	毛見 究	〃

順位	氏 名	所 属
2等(1席)	大内宏友	日本大学
	岩田明士	〃
	関根 智	〃
	原 直昭	〃
	村島聡乃	〃
(2席)	角田暁治	京都工芸繊維大学
3等	伊藤 泰	日本大学
	橋寺和子	関西大学
	居内章夫	〃
	奥村浩和	〃
	宮本昌彦	〃
	工藤信啓	九州大学
	石井博文	〃
	小林美和	〃
	松江健吾	〃
	森次 顕	〃
	石川恭温	〃

●1989 ふるさとの芸能空間

順位	氏 名	所 属
1等	湯淺篤哉	日本大学
	広川昭二	〃
2等(1席)	山岡哲哉	東京理科大学
(2席)	新間英一	日本大学
	長谷川晃三郎	〃
	岡里 潤	〃
	佐久間明	〃
	横尾愛子	〃
3等	直井 功	芝浦工業大学
	飯嶋 淳	〃
	松田葉子	〃
	浅見 清	〃
	清水健太郎	〃
	丹羽雄一	日本大学
	松原明生	京都工芸繊維大学

●1990 交流の場としてのわが駅わが駅前

順位	氏 名	所 属
1等	鎌田泰寛	室蘭工業大学
2等(1席)	若林伸吾	ゼブラクロス/環境計画研究機構
(2席)	植竹和弘	日本大学
	根岸延行	〃
	中西邦弘	〃
3等	飯田隆弘	日本大学
	山口哲也	〃
	佐藤教明	〃
	佐藤滋晃	〃
	本田昌明	京都工芸繊維大学
	加藤正浩	京都工芸繊維大学
	矢部達也	〃
第2部優秀作品	辺見昌克	東北工業大学
	重田真理子	日本大学
	小笠原滋之	日本大学
	岡本真吾	〃
	堂下 浩	〃
	曽根 奨	〃
	田中 剛	〃
	高倉朋文	〃
	富永隆弘	〃

●1991 都市の森

順位	氏 名	所 属
1等	北村順一	EARTH-CREW 空間工房
2等(1席)	山口哲也	日本大学
	河本憲一	〃
	広川雅樹	〃
	日下部仁志	〃
	伊藤康史	〃
	高橋武志	〃
(2席)	河合哲夫	京都工芸繊維大学

順位	氏 名	所 属
3等	吉田幸代	東京電機大学
	大勝義夫	東京電機大学
	小川政彦	〃
	有馬浩一	京都工芸繊維大学
第2部優秀作品	真崎英嗣	京都工芸繊維大学
	片桐岳志	日本大学
	豊川健太郎	神奈川大学

●1992 わが町のタウンカレッジをつくる

順位	氏 名	所 属
1等	増重雄治	広島大学
	平賀直樹	〃
	東 哲也	〃
2等	今泉 純	東京理科大学
	笠継 浩	九州芸術工科大学
	吉澤宏生	〃
	梅元建治	〃
	藤本弘子	〃
3等	大橋千枝子	早稲田大学
	永澤明彦	〃
	野嶋 徹	〃
	堀江由布子	〃
	水川ひろみ	〃
	葉 華	〃
	龍 治男	〃
	永井 牧	東京理科大学
	佐藤教明	日本大学
	木口英俊	〃
第2部優秀作品	田代拓未	早稲田大学
	細川直哉	早稲田大学
	南谷武志	豊橋技術科学大学
	植村龍治	〃
	鵜飼優美代	〃
	楊 迪鋼	〃
	品川ちとせ	〃

●1993 川のある風景

順位	氏 名	所 属
1等	堀田典裕	名古屋大学
	片木孝治	〃
2等	宇高雄志	豊橋技術科学大学
	新宅昭文	〃
	金田俊美	〃
	藤本統久	〃
	阪田弘一	大阪大学助手
	板谷善晃	大阪大学
	榎木靖倫	〃
3等	坂本龍宣	日本大学
	戸田正幸	〃
	西出慎吾	〃
	安田利宏	京都工芸繊維大学
	原 竜介	京都府立大学
第2部優秀作品	瀬木博重	東京理科大学
	平原英樹	東京理科大学
	岡崎光邦	日本文理大学
	岡崎泰和	〃
	米良裕二	〃
	脇坂隆治	〃
	池田貴光	〃

●1994 21世紀の集住体

順位	氏 名	所 属
1等	尾崎敦俊	関西大学
2等	岩佐明彦	東京大学
	疋田誠二	神戸大学
	西端賢一	〃
	鈴木 賢	〃
3等	菅沼秀樹	北海道大学
	ビメンテル・フランシスコ	〃

順位	氏 名	所 属
3等	藤石真樹	九州大学
	唐崎祐一	〃
	安武敦了	九州大学
	柴田 健	〃
第2部優秀作品	太田光則	日本大学
	南部健太郎	〃
	岩間大輔	〃
	佐久間朗	〃
	桐島 徹	日本大学
	長澤秀徳	〃
	福井恵一	〃
	蓮池 崇	〃
	和久 豪	〃
	薩摩亮治	京都工芸繊維大学
	大西康伸	〃

●1995 テンポラリー・ハウジング

順位	氏 名	所 属
1等	柴田 建	九州大学
	上野恭子	〃
	Nermin Mohsen Elokla	〃
2等	津國博英	エムアイエー建築デザイン研究所
	鈴木秀雄	〃
	川上浩史	日本大学
	圓塚紀祐	〃
	村松哲志	〃
3等	伊藤秀明	工学院大学
	中井賀代	関西学院大学
	伊藤一未	〃
	内記英文	熊本大学
	早樋 努	〃
第2部優秀作品	崎田由紀	日本女子大学
	的場喜郎	日本大学
	横地哲哉	日本大学
	大川航洋	〃
	小越康乃	〃
	大野和之	〃
	清松寛史	〃

●1996 空間のリサイクル

順位	氏 名	所 属
1等	木下泰男	北海道造形デザイン専門学校講師
2等	大竹啓文	筑波大学
	松岡良樹	〃
	吉村紀一郎	豊橋技術科学大学
	江川竜之	〃
	太田一洋	〃
	佐藤裕子	〃
	増田成政	〃
3等	森 雅章	京都工芸繊維大学
	上田佳奈	〃
	石川主税	名古屋大学
	中 敦史	関西大学
	中島健太郎	〃
第2部優秀作品	徳田光弘	九州芸術工科大学
	浅見苗子	東洋大学
	池田さやか	〃
	内藤愛子	〃
	藤ヶ谷えり子	香川職業能力開発短期大学校
	久永康子	〃
	福井由香	〃

●1997 21世紀の『学校』

順位	氏 名	所 属
1等	三浦 慎	フリー
	林 太郎	東京藝術大学
	千野晴己	〃
2等	村松保洋	日本大学
	渡辺泰夫	〃
	森園知弘	九州大学
	市丸俊一	〃

順位	氏　名	所　属
3等	豊川斎赫 坂牧由美子	東京大学 〃
	横田直子 高橋将幸 中野純子 松本　仁 富永誠一 井上貴明 岡田信男 李　煒強 藤本美由紀 澤村　要 浜田智紀 宮崎剛哲 風間奈津子 今村正則 中村伸二	熊本大学 〃 〃 〃 〃 〃 〃 〃 〃 〃 〃 〃 〃 〃 〃
	山下　剛	鹿児島大学
第2部 優秀作品	間下奈津子	早稲田大学
	瀬戸健似 土屋　誠 遠藤　誠	日本大学 〃 〃
	渋川　隆	東京理科大学

●1998　『市場』をつくる

順位	氏　名	所　属
最優秀賞	宇野勇治 三好光行	名古屋工業大学 〃
	眞中正司	日建設計
優秀賞	筧　雄平 村口　玄	東北大学 〃
	福島理恵	早稲田大学
	齋藤篤史	京都工芸繊維大学
	東尾勝則	近畿大学
タジマ奨励賞	山口雄治 坂巻　哲	東洋大学 〃
	齋藤真紀 浅野早苗 松本亜矢	早稲田大学専門学校 〃 〃
	根岸広人 石井友子 小池益代	早稲田大学専門学校 〃 〃
	原山　賢	信州大学
	齋藤み穂 竹森紘臣	関西大学 〃
	井川　清 葉山純士 前田利幸 前村直紀	関西大学 〃 〃 〃
	横山敦一 青山祐子 倉橋尉仁	大阪大学 〃 〃

●1999　住み続けられる "まち" の再生

順位	氏　名	所　属
最優秀賞 タジマ奨励賞	多田正治 南野好司 大浦寛登	大阪大学 〃 〃
優秀賞	北澤　猛 遠藤　新 市原富士夫 今村洋一 野原　卓 今川俊一 栗原謙樹 田中健介 中島直人 三牧浩也 荒俣桂子	東京大学 〃 〃 〃 〃 〃 〃 〃 〃 〃 〃
	中楯哲史 安食公治 岡本欣士	法政大学 〃 〃

順位	氏　名	所　属
優秀賞	熊崎敦史 西牟田奈々 白川　在 増見収太	法政大学 〃 〃 〃
	森島則文 堀田忠義 天満智子	フジタ 〃 〃
	松島啓之	神戸大学
	大村俊一 生川慶一郎 横田　郁	大阪大学 〃 〃
タジマ奨励賞	開　歩	東北工業大学
	鳥山暁子	東京理科大学
	伊藤教司	東京理科大学
	石冨達郎 北野清晃 鈴木秀典 大谷瑞絵	金沢大学 〃 〃 〃
	青木宏之 伊佐治克哉 島田　聖 高井美樹 濱上千香子 平林嘉泰 藤本玲子 松川真之介 向井啓晃 山崎和義 岩岡大輔 徳宮えりか 菊野　恵 中瀬由子 山田細香	和歌山大学 〃 〃 〃 〃 〃 〃 〃 〃 〃 〃 〃 〃 〃 〃
	今井敦士 東　雅人 櫛部友士	摂南大学 〃 〃
	奥野洋平 松本幸治	近畿大学 〃
	中野百合 日下部真一 下地大樹 大前弥佐子 小沢博克 具志堅元一 三浦琢哉 濱村諭志	日本文理大学 〃 〃 〃 〃 〃 〃 〃

●2000　新世紀の田園居住

順位	氏　名	所　属
最優秀賞	山本泰裕 吉池寿顕 牛戸陽治	神戸大学 〃 〃
	本田　亙	フリー
	村上　明	九州大学
優秀賞	藤原徹平 高橋元氣	横浜国立大学 フリー
	畑中久美子	神戸芸術工科大学
	齋藤篤史 富田祐一 嶋田泰子	竹中工務店 アール・アイ・エー大阪支社 竹中工務店
タジマ奨励賞	張替那麻	東京理科大学
	平本督太郎 加曽利千草 田中真美子 三上哲哉 三島由樹	慶應義塾大学 〃 〃 〃 〃
	花井奏達	大同工業大学
	新田一真 新藤太一 日野直人	金沢工業大学 〃 〃
	早見洋平	信州大学

順位	氏　名	所　属
タジマ奨励賞	岡部敏明 青山　純 斉藤洋平 秦野浩司 木村輝之 重松研二 岡田俊博	日本大学 〃 〃 〃 〃 〃 〃
	森田絢子 木村恭子 永尾達也	明石工業高等専門学校 〃 〃
	延東　治 松森一行	明石工業高等専門学校 〃
	田中雄一郎 三木結花 横山　藍 石田計志 松本康夫 大久保圭	高知工科大学 〃 〃 〃 〃 〃

●2001　子ども居場所

順位	氏　名	所　属
最優秀賞	森　雄一 祖田篤輝 碓井　亮	神戸大学 〃 〃
優秀賞	小地沢将之 中塚祐一郎 浅野久美子	東北大学 〃 〃
(タジマ奨励賞)	山本幸恵 太刀川寿子 横井祐子	早稲田大学芸術学校 〃 〃
	片岡照博	工学院大学・早稲田大学芸術学校
	深澤たけ美 森川勇己 武部康博 安藤　剛	豊橋技術科学大学 〃 〃 〃
	石田計志 松本康夫	高知工科大学 〃
タジマ奨励賞	増田忠史 高尾研也 小林恵吾 蜂谷伸治	早稲田大学 〃 〃 〃
	大木　圭	東京理科大学
	本間行人	東京理科大学
	山田直樹 秋山　貴 直井宏樹 山崎裕子 湯浅信二	日本大学 〃 〃 〃 〃
	北野雅士 赤松耕太 梅田由佳	豊橋技術科学大学 〃 〃
	坂口　祐 稲葉佳之 石井綾子 金子晃子	慶應義塾大学 〃 〃 〃
	森田絢子 木村恭子 永尾達也	明石工業高等専門学校 〃 東京大学
	山名健介 安井裕之 平田友隆 西元咲士 豊田憲洋 宗村卓季 密山　弘 片岡　聖 今村かおり	広島工業大学 〃 〃 〃 〃 〃 〃 〃 〃
	大城幸恵 水上浩一 米倉大喜 石峰顕道 安藤美代子 横田竜平	九州職業能力開発大学校 〃 〃 〃 〃 〃

●2002 外国人と暮らすまち

順位	氏 名	所 属
最優秀賞	竹田堅一	芝浦工業大学
	高山 久	〃
	依田 崇	〃
	宮野隆行	〃
	河野友紀	広島大学
	佐藤菜採	〃
	高山武士	〃
	都築 元	〃
	安井裕之	広島工業大学
	久安邦明	〃
	横川貴史	〃
優秀賞	三谷健太郎	東京理科大学
	田中信也	千葉大学
	穂積雄平	東京理科大学
	山本 学	神奈川大学
(タジマ奨励賞)	水上浩一	九州職業能力開発大学校
	吉岡雄一郎	〃
	西村 恵	〃
	大脇淳一	〃
	古川晋作	〃
	川崎美紀子	〃
	安藤美代子	〃
	米倉大喜	〃
タジマ奨励賞	TEOH CHEE SIANG	千葉大学
	岩崎真志	豊橋技術科学大学
	中西 功	〃
	長田剛和	〃
	三原直也	京都工芸繊維大学
	安藤美代子	九州職業能力開発大学校
	桑山京子	〃
	井原堅一	〃
	井上 歩	〃
	米倉大喜	〃
	水上浩一	〃
	矢橋 徹	日本文理大学

●2003 みち

順位	氏 名	所 属
最優秀賞 島本源徳賞	山田智彦	千葉大学
	加藤大志	〃
	陶守奈津子	〃
	末廣倫子	〃
	中野 薫	〃
	鈴木葉子	〃
	廣瀬哲史	〃
	北澤有里	〃
最優秀賞 (タジマ奨励賞)	宮崎明子	東京理科大学
	溝口省吾	〃
	細山真治	〃
	横川貴史	広島工業大学
	久安邦明	〃
	安井裕之	〃
優秀賞	市川尚紀	東京理科大学
	石井 亮	〃
	石川雄一	〃
	中込英樹	〃
	表 尚玄	大阪市立大学
	今井 朗	〃
	河合美保	〃
	今村 顕	〃
	加藤悠介	〃
	井上昌子	〃
	西脇智子	〃
	宮谷いずみ	〃
	稲垣大志	〃
	酢田祐子	〃
(タジマ奨励賞)	松川洋輔	日本文理大学
	嵯峨彰仁	〃
	川野伸寿	〃
	持留啓徳	〃
	国頭正章	〃
	雑賀貴志	〃

順位	氏 名	所 属
タジマ奨励賞	中井達也	大阪大学
	桑原悠樹	〃
	尾杉友浩	〃
	西澤嘉一	〃
	田中美帆	〃
	森川真嗣	国立明石工業高等専門学校
	加藤哲史	広島大学
	佐々岡由訓	〃
	松岡由子	〃
	長池正純	〃
	内田哲広	広島大学
	久留原明	〃
	松本幸子	〃
	割方文子	〃
	宮内聡明	日本文理大学
	大西達郎	〃
	嶋田孝頼	〃
	野見山雄太	〃
	田村文乃	〃
	松浦 琢	九州芸術工科大学
	前田圭子	国立有明工業高等専門学校
	奥薗加奈子	〃
	西田朋美	〃
	田中隆志	九州職業能力開発大学校
	古川晋作	〃
	保永勝重	〃
	田端孝蔵	〃
	吉岡雄一郎	〃
	井原堅一	〃
	大脇淳一	〃

●2004 建築の転生・都市の再生

順位	氏 名	所 属
最優秀賞 島本源徳賞 (タジマ奨励賞)	遠藤和郎	東北工業大学
最優秀賞 島本源徳賞	紅林佳代	日本大学
	柳瀬英江	〃
	牧田浩二	〃
最優秀賞	和久倫也	東京都立大学
	小川 仁	〃
	齋藤茂樹	〃
	鈴木啓之	〃
優秀賞	本間行人	横浜国立大学
	齋藤洋平	大成建設
	小菅俊太郎	〃
	藤原 稔	〃
タジマ奨励賞	平田啓介	慶應義塾大学
	椎木空海	〃
	柳沢健人	〃
	塚本 文	〃
	佐藤桂火	東京大学
	白倉 将	京都工芸繊維大学
	山田道子	大阪市立大学
	舩橋耕太郎	〃
	堀野 敏	大阪市立大学
	田部兼三	〃
	酒井雅男	〃
	山下剛史	広島大学
	下田康晴	〃
	西川佳香	〃
	田村隆志	日本文理大学
	中村公亮	〃
	茅根一貴	〃
	水内英允	〃
	難波友亮	鹿児島大学
	西垣智哉	〃
	小佐見友子	鹿児島大学
	瀬戸口晴美	〃

●2005 風景の構想―建築をとおしての場所の発見―

順位	氏 名	所 属
最優秀賞 島本源徳賞	中西正佳	京都大学
	佐賀淳一	〃
	松田拓郎	北海道大学
優秀賞	石川典貴	京都工芸繊維大学
	川勝崇道	〃
	森 隆	芝浦工業大学
	廣瀬 悠	立命館大学
	加藤直史	〃
	水谷好美	〃
(タジマ奨励賞)	吉村 聡	神戸大学
(タジマ奨励賞)	木下皓一郎	熊本大学
	菊池 聡	〃
	佐藤公信	〃
タジマ奨励賞	渡邉幹夫	日本文理大学
	伊禮竜馬	〃
	中野晋治	〃
	近藤 充	東北工業大学
	賞雅裕和	日本大学
	田島 誠	〃
	重堂英仁	〃
	濱崎梨沙	鹿児島大学
	中村直人	〃
	王 東揚	〃

●2006 近代産業遺産を生かしたブラウンフィールドの再生

順位	氏 名	所 属
最優秀賞 島本源徳賞	新宅 健	山口大学
	三好宏史	〃
	山下 敦	〃
優秀賞	中野茂夫	筑波大学
	不破正仁	〃
	市原 拓	〃
	小山雄資	〃
	神田伸正	〃
	臂 徹	〃
	堀江晋一	大成建設
	関山泰忠	〃
	土屋尚人	〃
	中野 弥	〃
	伊原 慶	〃
	出口 亮	〃
	萩原崇史	千葉大学
	佐本雅弘	〃
	真泉洋介	〃
	平山善雄	九州大学
	安部英輝	〃
	馬場大輔	〃
	疋田美紀	〃
タジマ奨励賞	広田直樹	関西大学
	伏見将彦	〃
	牧 奈歩	明石工業高等専門学校
	国居郁子	〃
	井上亮太	〃
	三崎恵理	関西大学
	小島 彩	〃
	伊藤裕也	広島大学
	江口宇雄	〃
	岡島由賀	〃
	鈴木聖明	近畿大学
	高田耕平	〃
	田原康啓	〃
	戎野朗生	広島大学
	豊田章雄	〃
	山根俊輔	〃
	森 智之	〃
	石川陽一郎	〃
	田尻昭久	崇城大学
	長家正典	〃
	久冨太一	〃

順位	氏　名	所　属
タジマ奨励賞	皆川和朗 / 古賀利郎	日本大学
	髙田 郁 / 黒木悠真 / 桜間万里子	大阪市立大学 / 〃 / 〃

●2007　人口減少時代のマイタウンの再生

順位	氏　名	所　属
最優秀賞 島本源徳賞	牟田隆一 / 吉良直子 / 多田麻梨子 / 原田 慧	九州大学 / 〃 / 〃 / 〃
最優秀賞	井村英之 / 杉 和也 / 松浦加奈	東海大学 / 〃 / 〃
	多賀麻衣子 / 北山めぐみ / 木村秀男 / 宮原 崇 / 本塚智貴	和歌山大学 / 〃 / 〃 / 〃 / 〃
優秀賞	辻 大起 / 長岡俊介	日本大学 / 〃
	村瀬慶征 / 堀 浩人 / 船橋謙太郎	神戸大学 / 〃 / 〃
(タジマ奨励賞)	隈部俊輔 / 中尾洋明 / 高平茂輝 / 塚田浩介 / 重廣 亨 / 益原実礼	広島大学 / 〃 / 〃 / 〃 / 〃 / 〃
タジマ奨励賞	田附 遼 / 村松健児 / 上條慎司	東京工業大学 / 〃 / 〃
	三好絢子 / 龍野裕平 / 森田 淳	広島工業大学 / 〃 / 〃
	宇根明日香 / 櫻井美由紀 / 松野 藍	近畿大学 / 〃 / 〃
	柳川雄太 / 山本恭平 / 城納 剛	近畿大学 / 〃 / 〃
	関谷有希 / 三浦 亮	近畿大学 / 〃
	古田靖幸 / 西村知香 / 川上裕司	近畿大学 / 〃 / 〃
	古田真史 / 渡辺晴香 / 萩野 亮	広島大学 / 〃 / 〃
	富山晃一 / 岩元俊輔 / 阿相和成	鹿児島大学 / 〃 / 〃
	林川祥子 / 植田祐加 / 大熊夏代 / 生野大輔 / 露田和樹	日本文理大学 / 〃 / 〃 / 〃 / 〃

●2008　記憶の器

順位	氏　名	所　属
最優秀賞	矢野佑一 / 山下博廉 / 河津恭平 / 志水昭太 / 山本展久	大分大学 / 〃 / 〃 / 〃 / 〃
	赤木建一 / 山﨑貴幸 / 中村翔悟 / 井上裕子	九州大学 / 〃 / 〃 / 〃
優秀賞 (タジマ奨励賞)	板谷 慎 / 永田貴祐	日本大学 / 〃
	黒木悠真	大阪市立大学

順位	氏　名	所　属
優秀賞	坪井祐太 / 松本 誉	山口大学 / 〃
	花岡芳徳 / 児玉亮太	広島工業大学 / 〃
(タジマ奨励賞)	中川聡一郎 / 樋口 翔 / 森田 翔 / 森脇亜津子	九州大学 / 〃 / 〃 / 〃
タジマ奨励賞	河野 恵 / 百武恭司 / 大髙美乃里	広島大学 / 〃 / 〃
	千葉美幸	京都大学
	國居郁子 / 福本 遼 / 水谷昌稔	明石工業高等専門学校 / 〃 / 〃
	成松仁志 / 松田尚子 / 安田浩子	近畿大学 / 〃 / 〃
	平町好江 / 安藤美有紀 / 中田庸介	近畿大学 / 〃 / 〃
	山口和紀 / 岡本麻希 / 高橋磨有美	近畿大学 / 〃 / 〃
	上村浩貴	高知工科大学
	富田海友	東海大学

●2009年　アーバン・フィジックスの構想

順位	氏　名	所　属
最優秀賞	木村敬義 / 武曽雅嗣 / 外崎晃洋	前橋工科大学 / 〃 / 〃
	河野 直 / 藤田桃子	京都大学 / 〃
優秀賞	石毛貴人 / 生出健太郎 / 笹井夕莉	千葉大学 / 〃 / 〃
	江澤現之 / 小崎太士 / 岩井敦郎	山口大学 / 〃 / 〃
(タジマ奨励賞)	川島 卓	高知工科大学
タジマ奨励賞	小原希望 / 佐藤えりか	東北工業大学 / 〃
	奥原弘平 / 三代川剛久 / 松浦眞也	日本大学 / 〃 / 〃
	坂本大輔 / 上田寛之 / 濱本拓幸	広島工業大学 / 〃 / 〃
	寺本 健	高知工科大学
	永尾 彩 / 濱本拓磨 / 山田健太朗	北九州市立大学 / 〃 / 〃
	長谷川伸 / 池田 亘 / 石神絵里奈 / 瓜生宏輝	九州大学 / 〃 / 〃 / 〃

●2010　大きな自然に呼応する建築

順位	氏　名	所　属
最優秀賞	後藤充裕 / 岩城和昭 / 佐々木詩織 / 山口喬久 / 山田祥平	宮城大学 / 〃 / 〃 / 〃 / 〃
	鈴木高敏 / 坂本達典	工学院大学 / 〃
	秋野崇大 / 谷口桃子	愛知工業大学 / 〃
	宮口 晃	愛知工業大学研究生

順位	氏　名	所　属
優秀賞	遠山義雅 / 入口佳勝	横浜国立大学 / 広島工業大学
	指原 豊 / 神谷悠実	浦野設計 / 三重大学
	前田太志	三重大学
	横山宗宏	広島工業大学
	遠藤創一朗 / 木下 知 / 曽田龍士	山口大学 / 〃 / 〃
(タジマ奨励賞)	笹田侑志	九州大学
タジマ奨励賞	真田 匠	九州工業大学
	戸井達弥 / 渡邉宏道	前橋工科大学 / 〃
	安藤祐介	九州大学
	木村愛実	広島大学
	後藤雅和 / 小林規矩也 / 枇榔博史 / 中村宗樹	岡山理科大学 / 〃 / 〃 / 〃
	江口克成 / 泉 竜斗 / 上村恵里 / 大塚一翼	佐賀大学 / 〃 / 〃 / 〃
	今林寛晃 / 井田真広 / 筒井麻子 / 柴田陽平 / 山中理沙 / 宮崎由佳子 / 坂口 織	福岡大学 / 〃 / 〃 / 〃 / 〃 / 〃 / 〃
	Baudry Margaux Laurene	九州大学
	濱谷洋次	九州大学

●2011　時を編む建築

順位	氏　名	所　属
最優秀賞	坂爪佑丞 / 西川日満里	横浜国立大学
	入江奈津子 / 佐藤美奈子 / 大屋綾乃	九州大学 / 〃 / 〃
優秀賞	小林 陽 / アマングリトゥリソン / 井上美咲 / 前畑 薫 / 山田飛鳥 / 堀 光瑠	東京電機大学
	齋藤慶和 / 石川慎也 / 仁賀木はるな / 奥野浩平	大阪工業大学 / 〃 / 〃 / 〃
	坂本大輔	広島工業大学
	西亀和也 / 山下浩祐 / 和田雅人	九州大学 / 〃 / 〃
佳作 (タジマ奨励賞)	高橋拓海 / 西村健宏	東北工業大学
	木村智行 / 伊藤恒輝 / 平野有良	首都大学東京 / 〃 / 〃
	佐長秀一 / 大塚健介 / 曽根田恵	東海大学 / 〃 / 〃
	澁谷年子	慶應義塾大学
(タジマ奨励賞)	山本 葵	大阪大学
	松瀬秀隆 / 阪口裕也 / 大谷友人	大阪工業大学 / 〃 / 〃

順位	氏　名	所　属
タジマ奨励賞	金　司寛 田中達朗	東京理科大学 〃
	山根大知 井上　亮 有馬健一郎 西岡真穂 朝井彩加 小草未希子 柳原絵里子 片岡恵理子 三谷佳奈子	島根大学 〃 〃 〃 〃 〃 〃 〃 〃
	松村紫舞 鶴崎翔太 西村唯子	広島大学 〃 〃
	山本真司 佐藤真美 石川佳奈	近畿大学 〃 〃
	塩川正人 植木優行 水下竜也 中尾恭子	近畿大学 〃 〃 〃
	木村龍之介 隣真理子 吉田枝里	熊本大学 〃 〃
	熊井順一	九州大学
	菊野　慧 岩島奈々	鹿児島大学 〃

●2012　あたりまえのまち／かけがえのないもの

順位	氏　名	所　属
最優秀賞	神田謙匠 吉田知剛	金沢工業大学 〃
	坂本和哉 坂口文彦 中尾礼太	関西大学 〃 〃
	元木智也 原　宏佑	京都工芸繊維大学 〃
優秀賞	大谷広司 諸橋　俊 上田一樹 殷　玥	千葉大学 〃 〃 〃
	辻村修太郎 吉田祐介	関西大学 〃
	山根大知 酒井直哉 稲垣伸彦 宮崎　照	島根大学 〃 〃 〃
佳作	平林　瞳 水野貴之	横浜国立大学 〃
(タジマ奨励賞)	石川　睦 伊藤哲也 江間亜弥 大山真司 羽場健人 山田健登 丹羽一将 船橋成明 服部佳那子	愛知工業大学 〃 〃 〃 〃 〃 〃 〃 〃
	高橋良至 殷　小文 岩田　翔 二村緋菜子	神戸大学 〃 〃 〃
	梶並直貴 植田裕基 田村彰浩	山口大学 〃 〃
(タジマ奨励賞)	田中伸明 有谷友孝 山田康助	熊本大学 〃 〃
(タジマ奨励賞)	江渕　翔 田川理香子	九州産業大学 〃
タジマ奨励賞	吉田智大	前橋工科大学
	鈴木翔麻	名古屋工業大学

順位	氏　名	所　属
タジマ奨励賞	齋藤俊太郎 岩田はるな 鈴木千裕	豊田工業高等専門学校 〃 〃
	野正達也 榎並拓哉 溝口憂樹 神野　翔	西日本工業大学 〃 〃 〃
	冨木幹大 土肥準也 関　恭太	鹿児島大学 〃 〃
	原田爽一朗	九州産業大学
	栫井寛子 西山雄大 徳永孝平 山田泰輝	九州大学 〃 〃 〃

●2013　新しい建築は境界を乗り越えようとするところに現象する

順位	氏　名	所　属
最優秀賞	金沢　将 奥田晃大	東京理科大学 〃
	山内翔太	神戸大学
優秀賞	丹下幸太 片山　豪 高松達弥 細川良太	日本大学 筑波大学 法政大学 工学院大学
	伯耆原洋太 石井義章 塩塚勇二郎	早稲田大学 〃 〃
	徳永悠希 小林大祐 李　海寧	神戸大学 〃 〃
佳作	渡邉光太郎 下田奈祐	東海大学 〃
	竹中祐人 伊藤　彩 今井沙耶 弓削一平	千葉大学 〃 〃 〃
	門田晃明 川辺　隼 近藤拓也	関西大学 〃 〃
(タジマ奨励賞)	手銭光明 青戸貞治 羽藤文人	近畿大学 〃 〃
	香武秀和 井野天平 福本拓馬	熊本大学 〃 〃
	白濱有紀 有谷友孝 中園はるか	熊本大学 〃 〃
	徳永孝平 赤田心太	九州大学 〃
タジマ奨励賞	島崎　翔 浅野康成 大平晃司 高田汐莉	日本大学 〃 〃 〃
	鈴木あいね 守屋佳代	日本女子大学 〃
	安藤彰悟	愛知工業大学
	廣澤克典	名古屋工業大学
	川上咲久也 村越万里子	日本女子大学 〃
	関里佳人 坪井文武 李　翠婷	日本大学 〃 〃
	阿師村珠実 猪飼さやか 加藤優思 田中隆一朗 細田真衣 牧野俊弥	愛知工業大学 〃 〃 〃 〃 〃

順位	氏　名	所　属
タジマ奨励賞	松本彩伽 三井杏久里 宮城喬平 渡邉裕二	愛知工業大学 〃 〃 〃
	西村里美 河井良介 野田佳和 平尾一真 吉田　剣	崇城大学 〃 〃 〃 〃
	野口雄太 奥田祐大	九州大学 〃

●2014　建築のいのち

順位	氏　名	所　属
最優秀賞	野原麻由	信州大学
優秀賞	杣川真美 末次猶輝 高橋勇人 宮崎智史	千葉大学 〃 〃 〃
(タジマ奨励賞)	泊裕太郎	西日本工業大学
	野田佳和 浦川祐一 江上史恭 江嶋大輔	崇城大学 〃 〃 〃
佳作	金尾正太郎 向山佳穂	東北大学 〃
	猪俣　馨 岡武和規	東京理科大学 〃
	竹之下貴子 小林尭礼 齋藤　弦	千葉大学 〃 〃
	松下和輝 黄　亦謙 奥山裕貴 HUBOVA TATIANA	関西大学 〃 〃 関西大学院外研究生
	佐藤洋平 川口祥茄	早稲田大学 広島工業大学
	手銭光明 青戸貞治 板東孝太郎	近畿大学 〃 〃
	吉田優子 李　春炫 土井彰人 根谷拓志	九州大学 〃 〃 〃
	髙橋　卓 辻佳菜子 関根卓哉	東京理科大学 〃 〃
タジマ奨励賞	畑中克哉	京都建築大学
	白旗勇太 上田将人 岡田　遼 宍倉百合奈	日本大学 〃 〃 〃
	松本寛司	前橋工科大学
	中村沙樹子 後藤あづさ	日本女子大学 〃
	鳥山佑太 出向　壮	愛知工業大学 〃
	川村昂大	高知工科大学
	杉山雄一郎 佐々木翔多 高尾亜利沙	熊本大学 〃 〃
	鈴木龍一 宮本薫平 吉海雄大	熊本大学 〃 〃

●2015　もう一つのまち・もう一つの建築

順位	氏　名	所　属
最優秀賞	小野竜也 蒲健太朗 服部奨馬	名古屋大学 〃 〃

順位	氏 名	所 属
最優秀賞	奥野智士	関西大学
	寺田桃子	〃
	中野圭介	〃
優秀賞 (タジマ奨励賞)	村山大騎 平井創一朗	愛知工業大学
(タジマ奨励賞)	相見良樹 相川美波 足立和人 磯崎祥吾 木原真慧 中山敦仁 廣田貴之 藤井彬人 藤岡宗杜	大阪工業大学
	中馬啓太 銅田匠馬 山中晃	関西大学
	市川雅也 廣田竜介 松崎篤洋	立命館大学
佳作	市川雅也 寺田穂	立命館大学
	宮垣知武	慶應義塾大学
(タジマ奨励賞)	河口名月 大島泉奈 沖野琴音 鈴木来未	愛知工業大学
	大村公亮	信州大学
	藤江眞美 後藤由子	愛知工業大学
(タジマ奨励賞)	片岡諒 岡田大洋 妹尾さくら 長野公輔 藤原俊也	摂南大学
タジマ奨励賞	直井美の里 三井崇司	愛知工業大学
	上東寿樹 赤岸一成 林聖人 平田祐太郎	広島工業大学
	西村慎哉 岡田直果 阪口雄大	広島工業大学
	武谷創	九州大学

●2016　残余空間に発見する建築

順位	氏 名	所 属
最優秀賞	奥田祐大 白鳥恵理 中田寛人	横浜国立大学
優秀賞	後藤由子 長谷川敦哉	愛知工業大学
	廣田竜介	立命館大学
佳作	前田直哉 髙瀬修 田中雄大 柳沢伸也	早稲田大学 東京大学 やなぎさわ建築設計室
	道ノ本健大	法政大学
	北村将 藤枝大樹 市川綾音	名古屋大学
	大村公亮 出田麻子 上田彬央	信州大学
	倉本義己 中山絵理奈 村上真央	関西大学
	伊達一穂	東京藝術大学

順位	氏 名	所 属
佳作	市場靖崇 藤井隆道	近畿大学
	森知史 山口薫平	東京理科大学
	高橋豪志郎 北村晃一 野嶋淳平 村田晃一	九州大学
タジマ奨励賞	宮嶋悠輔 門口稚奈 谷醒龍 濱嶋杜人	日本大学
	久崎雅隆 竹田来任 松枝朝	日本大学
	福住陸 郡司育己 山崎令奈	日本大学
	西尾勇輝 大塚謙太郎 杉原広起	日本大学
	伊藤啓人 大山兼五	愛知工業大学
	木尾卓矢 有賀健造 杉山敦美 小林竜一	愛知工業大学
	山本雄一 西垣佑哉	豊田工業高等専門学校
	田上瑛莉香 實光周作 流慶斗	近畿大学
	蓑原梨里花 井上由理佳 末吉真也 野田崇子	近畿大学
	本山翔伍 北之園裕子 倉岡進吾 佐々木麻結 松田寛敬	鹿児島大学

●2017　地域の素材から立ち現れる建築

順位	氏 名	所 属
最優秀賞	竹田幸介	名古屋工業大学
	永井拓生 浅井翔平 芦澤竜一 中村優 堀江健太	滋賀県立大学
優秀賞	中津川銀司	新潟大学
	前田智洋 外薗寿樹 山中雄登 山本恵里佳	九州大学
佳作 (タジマ奨励賞)	原大介	札幌市立大学
	片岡裕貴 小倉畑昂祐 熊谷僚馬 樋口圭太	名古屋大学
	浅井漱太 伊藤啓人 嶋田貴仁 見野綾子	愛知工業大学
(タジマ奨励賞)	中村圭佑 赤堀厚史 加藤柚衣 佐藤未来	日本大学
	小島尚久 鈴木彩伽 東美弦	神戸大学

順位	氏 名	所 属
佳作	川添浩輝 大崎真幸 岡実侑 加藤駿吾 中川栞里	神戸大学
	鈴木亜生	ARAY Architecture
タジマ奨励賞	金井里佳 大塚将貴	九州大学
	木村優介 高山健太郎 田口愛 宮澤優夫 脇田優奈	愛知工業大学
	小室昂久 上山友理佳 北澤一樹 清水康之介	日本大学
	明庭久留実 菊地留花 中川直樹 中川姫華	豊橋技術科学大学
	玉井佑典 川岡聖夏	広島工業大学
	竹國亮太 大村絵理子 土居脇麻衣 直永亮明	近畿大学
	朴裕理 福田和生 福留愛	熊本大学
	坂本磨美 荒巻充貴紘	熊本大学

●2018　住宅に住む、そしてそこで稼ぐ

順位	氏 名	所 属
最優秀賞 (タジマ奨励賞)	駒田浩基 岩﨑秋太郎 崎原利公 杉本秀斗	愛知工業大学
優秀賞	東條一智 大谷拓嗣 木下慧次郎 栗田陽介	千葉大学
(タジマ奨励賞)	松本樹 久保井愛実 平光純子 横山愛理	愛知工業大学
	堀裕貴 翼晶晶 新開夏織 浜田千種	関西大学
	髙川直人 鶴田敬祐 樋口豪 水野敬之	九州大学
佳作	宮岡喜和子 岩波宏佳 鈴木ひかり 田邉伶夢 藤原卓巳	東京電機大学
	田口愛 木村優介 宮澤優夫	愛知工業大学
(タジマ奨励賞)	中家優 打田彩季枝 七ツ村希 奈良結衣	愛知工業大学
	藤田宏太郎 青木雅子 川島裕弘 国本晃裕 福西直貴 水上智好 山本博史	大阪工業大学

順位	氏　名	所　　属
佳作	朝永詩織	大阪工業大学
	石野隼丸	〃
	栢木俊樹	〃
	川合俊樹	〃
	橋本遼馬	〃
	福田翔万	〃
	福本純也	〃
(タジマ奨励賞)	浅井漱太	愛知工業大学
	伊藤啓人	〃
	川瀬清賀	〃
	見野綾子	〃
	中村勇太	愛知工業大学
	白木美優	〃
	鈴木里菜	〃
	中城裕太郎	〃
タジマ奨励賞	吉田鷹介	東北工業大学
	佐藤佑樹	〃
	瀬戸研太郎	〃
	七尾哲平	〃
	大方利希也	明治大学
	岩城絢央	日本女子大学
	小林春香	〃
	工藤浩平	東京都市大学
	渡邉健太郎	日本大学
	小山佳織	〃
	松村貴輝	熊本大学

●2019　ダンチを再考する

順位	氏　名	所　　属
最優秀賞	中山真由美	名古屋工業大学
	大西琴子	神戸大学
	郭　宏陽	〃
	宅野蒼生	〃
優秀賞	吉田智裕	東京理科大学
	倉持翔太	〃
	高橋駿太	〃
	長谷川千眞	〃
	高橋　朋	日本大学
	鈴木俊策	〃
	増野亜美	〃
	渡邉健太郎	〃
	中倉　俊	神戸大学
	植田実香	〃
	王　憶伊	〃
	河野賢之介	熊本大学
	鎌田　蒼	〃
	正宗尚馬	〃
佳作	野口翔太	室蘭工業大学
	浅野　樹	〃
	川去健翔	〃
	根本一希	日本大学
	勝部秋高	〃
	竹内宏輔	名古屋大学
	植木柚花	〃
	久保元広	〃
	児玉由衣	〃
(タジマ奨励賞)	服部秀生	愛知工業大学
	市村達也	〃
	伊藤　謙	〃
	川尻幸希	〃
(タジマ奨励賞)	繁野雅哉	愛知工業大学
	石川竜暉	〃
	板倉知也	〃
	若松幹丸	〃
	原　良輔	九州大学
	荒木俊輔	〃
	宋　　萍	〃
	程　　志	〃
	山根僚太	〃

順位	氏　名	所　　属
タジマ奨励賞	山下耕生	早稲田大学
	宮嶋雛衣	〃
	大石展洋	日本大学
	小山田駿志	〃
	中村美月	〃
	渡邉康介	〃
	伊藤拓海	日本大学
	古田宏大	〃
	横山喜久	〃
	宮本一平	名城大学
	岡田和浩	〃
	水谷匠磨	〃
	森　祐人	〃
	和田保裕	〃
	皆戸中秀典	愛知工業大学
	大竹浩夢	〃
	栗原　峻	〃
	小出里咲	〃
	三浦萌子	熊本大学
	玉木蒼乃	〃
	藤田真衣	〃
	小島　宙	豊橋技術科学大学
	Batzorig Sainbileg	
	安元春香	
	山本　航	熊本大学
	岩田　冴	

●2020　外との新しいつながりをもった住まい

順位	氏　名	所　　属
最優秀賞	市倉隆平	マサチューセッツ工科大学
優秀賞	冨田深太朗	東京理科大学
	高橋駿太	〃
	田島佑一朗	〃
(タジマ奨励賞)	中川晃都	日本大学
	北村海斗	〃
	馬渡侑那	〃
(タジマ奨励賞)	平田颯彦	九州大学
	土田昂滉	佐賀大学
	西田晃大	〃
	森本拓海	〃
佳作	山﨑　巧	室蘭工業大学
	恒川紘和	東京理科大学
	佐々木里佳	〃
	田中大我	〃
	楊　葉霊	〃
	根本一希	日本大学
	渡邉康介	〃
	中村美月	〃
	勝部秋高	日本大学
	篠原　健	〃
	四方勘太	名古屋市立大学
	片岡達哉	〃
	喜納健心	〃
	岡田侑也	〃
	大杉悟司	京都府立大学
	川島史也	〃
	小島新平	戸田建設
タジマ奨励賞	小山陽太	東北工業大学
	山田航士	日本大学
	井上了太	〃
	栗岡雅己	〃
	柴田貴美子	神戸大学
	加藤亜海	〃
	佐藤駿介	日本大学
	石井健聖	〃
	大久保将吾	〃
	駒形吏紗	〃
	鈴木亜実	〃

順位	氏　名	所　　属
タジマ奨励賞	高坂啓太	神戸大学
	山地雄統	〃
	幸田　梓	〃
	大本裕也	熊本大学
	村田誠也	〃
	今泉達哉	熊本大学
	菅野　祥	〃
	簗瀬雄己	〃
	稲垣拓真	愛知工業大学
	林　佑樹	〃
	松田茉央	〃

●2021　まちづくりの核として福祉を考える

順位	氏　名	所　　属
最優秀賞	大貫友瑞	東京藝術大学
	山内康生	東京理科大学
	王　子潔	〃
	近藤　舞	〃
	恒川紘和	〃
(タジマ奨励賞)	林　凌大	愛知工業大学
	西尾龍人	〃
	杉本玲音	〃
	石原未悠	〃
優秀賞	熊谷拓也	日本大学
	中川晃都	〃
	岩崎琢朗	〃
	江畑隼也	坂東幸輔建築設計事務所
	上村理奈	熊本大学
	大本裕也	〃
	Tsogtsaikhan Tengisbold	〃
	福島早瑛	熊本大学
	菅野　祥	〃
	Zaki Aqila	〃
佳作	坪内　健	北海道大学
	岩佐　樹	〃
	中島佑太	〃
(タジマ奨励賞)	守屋華那歩	愛知工業大学
	五十嵐翔	〃
	山口こころ	〃
	山本晃城	大阪工業大学
	福本純也	〃
	小林美穂	〃
	亀山拓海	〃
	信木嶺吾	〃
	河野仁哉	〃
(タジマ奨励賞)	若槻瑠実	広島大学
	中野瑞希	〃
	鈴木滉一	神戸大学
	生田海斗	京都工芸繊維大学
(タジマ奨励賞)	宮地栄吾	広島工業大学
	片山萌衣	〃
	田村真那斗	〃
	藤巻太一	〃
タジマ奨励賞	永嶋太一	愛知工業大学
	此島　滉	〃
	水谷美祐	〃
	伊藤稚菜	愛知工業大学
	山村由奈	〃
	市原佳奈	〃
	河内　駿	愛知工業大学
	一柳奏匡	〃
	山田珠莉	〃
	袴田美弥子	〃
	青山みずほ	〃
	大藪聖也	愛知工業大学
	五十嵐友雅	〃
	出口文音	〃

順位	氏 名	所 属
タジマ奨励賞	平邑颯馬 神山なごみ 原 悠馬 赤井柚果里	愛知工業大学 〃 〃 〃
	瀬山華子 北野真凜 古井悠介	熊本大学 〃 〃

●2022 「他者」とともに生きる建築

順位	氏 名	所 属
最優秀賞	亀山拓海 谷口 歩 芝尾 宝 袋谷拓央 古家さくら 桝田竜弥 島原理玖 村山元基	大阪工業大学 〃 〃 〃 〃 〃 〃 〃
	半澤 諒 池上真未子 井宮靖崇 小瀧玄太	大阪工業大学 〃 〃 〃
優秀賞	上垣勇斗 藤田虎之介 船山武士 吉田真子	近畿大学 〃 〃 〃
	曽根大矢 粕谷しま乃 池内聡一郎 篠村悠人 小林成樹	近畿大学 〃 〃 〃 〃
	谷本優斗 半井雄汰 嶋谷勇希 林眞太朗 井口翔太	神奈川大学 〃 〃 〃 〃
	栁田陸斗	鹿児島大学
佳作	清 亮太 木田琉誓 星川大輝 松下優希 中村健人	日本大学 〃 〃 〃 〃
	中川晃都 井上了太 岩﨑琢朗 熊谷拓也	日本大学 〃 〃 〃
	橋口真緒 殖栗瑞葉 山口丈太朗 小林 泰	東京理科大学 〃 〃 〃
	宮地栄吾 原 琉太 松岡義尚	広島工業大学 〃 〃
	本山有貴 有吉慶太 眞下健也 尹 道現	神戸大学 〃 〃 〃
タジマ奨励賞	青木優花 杉浦丹歌 加藤孝大 浅田一成 岩渕蓮也	愛知工業大学 〃 〃 〃 〃
	釘宮尚暉 津田大輝 齊藤維衣	日本文理大学 〃 〃
	熊﨑瑠茉 大塚美波 橋村遼太朗 保田真菜美 山本裕也	愛知工業大学 〃 〃 〃 〃

順位	氏 名	所 属
タジマ奨励賞	鈴木蒼都 加藤美咲 名倉和希 川村真凜	愛知工業大学 〃 〃 〃
	丹羽菜々美 久保壮太郎 院南汐里 笠原梨花	愛知工業大学 〃 〃 〃
	服部楓子 明星拓未 後藤由紀子 五家ことの	愛知工業大学 〃 〃 〃

●2023 環境と建築

順位	氏 名	所 属
最優秀賞 （タジマ奨励賞）	坂田 愛都 古賀 凪 光永 周平	熊本大学 〃 〃
優秀賞	幸地 良篤 山井 駿	京都大学 〃
（タジマ奨励賞）	高橋 知来 方山 愛梨 渡部 美咲子	愛知工業大学 〃 〃
（タジマ奨励賞）	高安 耕太朗	東京理科大学
	中嶋 海成 井上 泰志 内藤 三刀夢	福井大学 〃 〃
佳作	石井 彩香 橋本 健太郎 佐竹 亜花梨 小田 裕平 細川 若葉	大阪市立大学 大阪公立大学 〃 〃 〃
	大谷 大海 佐々木 紀之佑 藤谷 健太	室蘭工業大学 〃 〃
	佐竹 亜花梨	大阪公立大学
（タジマ奨励賞）	中川 桜 原 陸 市村 ともか 杉谷 望来 佐野 芽衣子	長岡造形大学 〃 〃 〃 〃
（タジマ奨励賞）	中島 崇晃 栗山 陸 山田 貴平 彭 欣宜	日本大学 〃 〃 〃
	橋口 真緒 青木 蓮 岡野 麦穂	東京理科大学 〃 〃
	福田 凱乃祐 青木 健祐 飯田 竜太朗 石原 大雅 舘柳 光佑	信州大学 〃 〃 〃 〃
タジマ奨励賞	青山 紗也 橋場 文香 妙見 星菜 内田 澪生	愛知工業大学 〃 〃 〃
	紺野 貴心 杉浦 康晟 中西 祥太 髙木 智織 渡辺 レイジ	愛知淑徳大学 〃 〃 〃 〃
	谷 卓思 塚村 遼也	広島大学 〃
	仲澤 和希 佐藤 航太 奥村 碩人 玉木 芹奈	日本大学 〃 〃 〃

順位	氏 名	所 属
タジマ奨励賞	古川 詩織 城戸 佳奈美 木村 琉星	福岡大学 〃 〃

（ ）はタジマ奨励賞と重賞

コモンズの再構築——建築、ランドスケープがもたらす自己変容
2024年度日本建築学会設計競技優秀作品集　　定価はカバーに表示してあります。

2025年1月10日　1版1刷発行　　　　　　ISBN 978-4-7655-2650-0 C3052

編　　者　一般社団法人日本建築学会

発 行 者　長　　滋　　彦

発 行 所　技 報 堂 出 版 株 式 会 社

〒101-0051　東京都千代田区神田神保町1-2-5

日本書籍出版協会会員
自然科学書協会会員
土木・建築書協会会員

電　　話　営　業（０３）（５２１７）０８８５
　　　　　編　集（０３）（５２１７）０８８１
　　　　　Ｆ Ａ Ｘ（０３）（５２１７）０８８６

振替口座　00140-4-10

Printed in Japan　　　　　　　　　　　http://gihodobooks.jp/

©Architectural Institute of Japan, 2025　　　　　装幀 ジンキッズ
　　　　　　　　　　　　　　　　印刷・製本 デジタルパブリッシングサービス

落丁・乱丁はお取り替えいたします。

JCOPY ＜（社）出版者著作権管理機構　委託出版物＞
本書の無断複写は著作権法上での例外を除き禁じられています。複写される場合は，そのつど事前に，
（社）出版者著作権管理機構（電話：03-3513-6969，FAX：03-3513-6979，E-mail：info@jcopy.or.jp）の
許諾を得てください。